NATURKUNDEN

启
蛰

讲述自然的故事

猪

［德］托马斯·马可　著

温馨　译

北京出版集团

北京出版社

今天我们为什么还需要博物学？

李雪涛

一

在德文中，Naturkunde的一个含义是英文的natural history，是指对动植物、矿物、天体等的研究，也就是所谓的博物学。博物学是18、19世纪的一个概念，是有关自然科学不同知识领域的一个整体表述，它包括对今天我们称之为生物学、矿物学、古生物学、生态学以及部分考古学、地质学与岩石学、天文学、物理学和气象学的研究。这些知识领域的研究人员被称为博物学家。1728年英国百科全书的编纂者钱伯斯（Ephraim Chambers, 1680 — 1740）在《百科全书，或艺术与科学通用辞典》（*Cyclopaedia, or an Universal Dictionary of Arts and Sciences*）一书中附有"博物学表"（Tab. Natural History），这在当时是非常典型的博物学内容。尽管从普遍意义上来讲，有关自然的研究早在古代和中世纪就已经存在了，但真正的

"博物学"却是在近代出现的，只是从事这方面研究的人仅仅出于兴趣爱好而已，并非将之看作一种职业。德国文学家歌德（Johann Wolfgang von Goethe, 1749 — 1832）就曾是一位博物学家，他用经验主义的方法，研究过地质学和植物学。在18世纪至19世纪之前，自然史（historia naturalis）[1] ——博物学的另外一种说法 ——一词是相对于政治史和教会史而言的，用以表示所有科学研究。传统上，自然史主要以描述性为主，而自然哲学则更具解释性。

近代以来的博物学之所以能作为一个研究领域存在的原因在于，著名思想史学者洛夫乔伊（Arthur Schauffler Oncken Lovejoy, 1873 — 1962）认为世间存在一个所谓的"众生链"（the Great Chain of Being）：神创造了尽可能多的不同事物，它们形成一个连续的序列，特别是在形态学方面，因此人们可以在所有这些不同的生物之间找到它们之间的联系。柏林自由大学的社会学教授勒佩尼斯（Wolf Lepenies, 1941 — ）认

---

[1] 不论在古代，还是中世纪，拉丁文中的"historia"既包含着中文的"史"，也有"志"的含义，而在"historia naturalis"中主要强调的是对自然的观察和分类。近代以来，特别是18世纪至19世纪，"historia naturalis"成为德文的"Naturgeschichte"，而"自然志"脱离了史学，从而形成了具有历史特征的"自然史"。

为，"博物学并不拥有迎合潮流的发展观念"。德文的"发展"（Entwicklung）一词，是从拉丁文的"evolvere"而来的，它的字面意思是指已经存在的结构的继续发展，或者实现预定的各种可能性，但绝对不是近代达尔文生物进化论意义上的新物种的突然出现。18世纪末到19世纪，在欧洲开始出现自然博物馆，其中最早的是1793年在巴黎建立的国家自然博物馆（Muséum national d'histoire naturelle）；在德国，普鲁士于1810年创建柏林大学之时，也开始筹备自然博物馆（Museum für Naturkunde）了；伦敦的自然博物馆（Natural History Museum）建于1860年；维也纳的自然博物馆（Naturhistorisches Museum）建于1865年。这些博物馆除了为大学的研究人员提供当时和历史的标本之外，也开始向一般的公众开放，以增进人们对博物学知识的了解。

德国历史学家科泽勒克（Reinhart Koselleck, 1923—2006）曾在他著名的《历史基本概念——德国政治和社会语言历史辞典》一书中，从德语的学术语境出发，对德文的"历史"（Geschichte）一词进行了历史性的梳理，从中我们可以清楚地看出博物学/自然史与历史之间的关联。从历史的角度来看，文艺复兴以后，西方的学者开始使用分类的方式划分和归纳历史的全部知识领域。他们将历史分为神圣史（historia divina）、文明史（historia civilis）和自然史，而所依据的撰述方式是将史学定义为叙事（erzählend）或描写（beschreibend）的艺术。由于受到基督教神学造物主/受造物的二分法的影响，当时具有天主教背景的历史学家习惯将历史分为自然史（包括自然与人的历史）和神圣历史（historia sacra），例如利普修斯（Justus Lipsius, 1547—1606）就将描述性的自然志（historia naturalis）与叙述史（historia narrativa）对立起来，并将后者分为神圣历史和人的历史（historia humana）。科泽勒克认为，随着大航海时代的开始，西方对海外殖民地的掠夺和新大陆以及新民族的发现使时间开始向过去延展。到了17世纪，人们对过去的认识就已不再局限于《圣经》记载的创世时序了。通过莱布尼茨（Gottfried Wilhelm Leibniz, 1646—1716）和康德（Immanuel Kant, 1724—1804）的努力，自然的时间化（Verzeitlichung）着眼于无限的未来，打开了自然有限的过去，也为人们历史地阐释自然做了铺垫。到了18世纪，博物学慢慢脱离了史学学科。科泽勒克认为，赫尔德（Johann Gottfried Herder, 1744—1803）最终完成了从自然志向自然史的转变。

二

尽管在中国早在西晋就有张华（232—300）十卷本的《博物志》印行，但其内容所涉及的多是异境奇物、琐闻杂事、神仙方术、地理知识、人物传说等等，更多的是文学方面的"志怪"题材作品。其后出现的北魏时期郦道元（约470—527）著《水经注》、贾思勰著《齐民要术》（成书于533—544年间），北宋时期沈括（1031—1095）著《梦溪笔谈》等，所记述的内容虽然与西方博物学著作有很多近似的地方，但更倾向于文学上的描述，与近代以后传入中国的"博物学"系统知识不同。其实，真正给中国带来了博物学的科学知识，并且在中国民众中起到了科学启蒙和普及作用的是自19世纪后期开始从西文和日文翻译的博物学书籍。

尽管"博物"一词是汉语古典词，但"博物馆""博物学"等作为"和制汉语"的日本造词却产生于近代，即便是"博物志"一词，其对应上"natural history"也是在近代日本完成的。如果我们检索《日本国语大辞典》的话，就会知道，博物学在当时是动物学、植物学、矿物学以及地质学的总称。据《公议所日志》载，明治二年（1869）开设的科目就有和学、汉学、医学和博物学。而近代以来在中文的语境下最早使用

"博物学"一词是1878年傅兰雅《格致汇编》第二册《江南制造总局翻译系书事略》:"博物学等书六部,计十四本。"将"natural history"翻译成"博物志""博物学",是在颜惠庆(W. W. Yen, 1877—1950)于1908年出版的《英华大辞典》中。这部辞典是以当时日本著名的《英和辞典》为蓝本编纂的。据日本关西大学沈国威教授的研究,有关植物学的系统知识,实际上在19世纪中叶已经介绍到中国和使用汉字的日本。沈教授特别研究了《植学启原》(宇田川榕庵著,1834)与《植物学》(韦廉臣、李善兰译,1858)中的植物学用语的形成与交流。也就是说,早在"博物学"在中国、日本被使用之前,有关博物学的专科知识已经开始传播了。

三

这套有关博物学的小丛书系由德国柏林的Matthes & Seitz出版社策划出版的。丛书的内容是传统的博物学,大致相当于今天的动物学、植物学、矿物学,涉及有生命和无生命,对我们来说既熟悉又陌生的自然。这些精美的小册子,以图文并茂的方式,不仅讲述有关动植物的自然知识,并且告诉我们那些曾经对世界充满激情的探索活动。这套丛书中每一本的类型都不尽相同，但都会让读者从中得到可信的知识。其中的插图，既有专门的博物学图像，也有艺术作品（铜版画、油画、照片、文学作品的插图）。不论是动物还是植物，书的内容大致可以分为两个部分：前一部分是对这一动物或植物的文化史描述，后一部分是对分布在世界各地的动植物肖像之描述，可谓是丛书中每一种动植物的文化史百科全书。

　　这套丛书是由德国学者编纂，用德语撰写，并且在德国出版的，因此其中运用了很多"德国资源"：作者会讲述相关的德国故事［在讲到猪的时候，会介绍德文俗语"Schwein haben"（字面意思是：有猪；引申义是：幸运），它是新年祝福语，通常印在贺年卡上］；在插图中也会选择德国的艺术作品［如在讲述荨麻的时候，采用了文艺复兴时期德国著名艺术家丢勒（Albrecht Dürer, 1471 — 1528）的木版画］；除了传统的艺术之外，也有德国摄影家哈特菲尔德（John Heartfield, 1891 — 1968）的作品《来自沼泽的声音：三千多年的持续近亲繁殖证明了我的种族的优越性！》——艺术家运用超现实主义的蟾蜍照片，来讽刺1935年纳粹颁布的《纽伦堡法案》；等等。除了德国文化经典之外，这套丛书的作者们同样也使用了对于欧洲人来讲极为重要的古埃及和古希腊的例子，例如在有关猪的文化史中就选择了古埃及的壁画以及古希腊陶罐上的猪的形象，来阐述在人类历史上，猪的驯化以及与人类的关系。丛书也涉及东亚的艺术史，举例来讲，在《蟾》一书中，作者就提到了日本的葛饰北斋（1760—1849）创作于1800年左右的浮世绘《北斋漫画》，特别指出其中的"河童"（Kappa）也是从蟾蜍演化而来的。

从装帧上来看，丛书每一本的制作都异常精心：从特种纸彩印，到彩线锁边精装，无不透露着出版人之匠心独运。用这样的一种图书文化来展示的博物学知识，可以给读者带来独特而多样的阅读感受。从审美的角度来看，这套书可谓臻于完善，书中的彩印，几乎可以触摸到其中的纹理。中文版的翻译和制作，同样秉持着这样的一种理念，这在翻译图书的制作方面，可谓用心。

四

自20世纪后半叶以来，中国的教育其实比较缺少博物学的内容，这也在一定程度上造成了几代人与人类的环境以及动物之间的疏离。博物学的知识可以增加我们对于环境以及生物多样性的关注。

我们这一代人所处的时代，决定了我们对动植物的认识，以及与它们的关系。其实一直到今天，如果我们翻开最新版的《现代汉语词典》，在"猪"的词条下，还可以看到一种实用主义的表述："哺乳动物，头大，鼻子和口吻都长，眼睛小，耳朵大，四肢短，身体肥，生长快，适应性强。肉供食用，皮可制革，鬃可制刷子和做其他工业原料。"这是典型的人类中心主义的认知方式。这套丛书的出版，可以修正我们这一代人的动物观，从而让我们看到猪后，不再只是想到"猪的全身都是宝"了。

以前我在做国际汉学研究的时候，知道国际汉学研究者，特别是那些欧美汉学家，他们是作为我们的他者而存在的，因此他们对中国文化的看法就显得格外重要。而动物是我们人类共同的他者，研究人类文化史上的动物观，这不仅仅对某一个民族，而是对全人类都十分重要的。其实人和动植物之间有着更为复杂的关系。从文化史的角度，对动植物进行描述，这就好像是在人和自然之间建起了一座桥梁。

拿动物来讲，它们不仅仅具有与人一样的生物性，同时也是人的一面镜子。动物寓言其实是一种特别重要的具有启示性的文学体裁，常常具有深刻的哲学内涵。古典时期有

《伊索寓言》，近代以来比较著名的作品有《拉封丹寓言》《莱辛寓言》《克雷洛夫寓言》等等。法国哲学家马吉欧里（Robert Maggiori, 1947— ）在他的《哲学家与动物》（*Un animal, un philosophe*）一书中指出："在开始'思考动物'之前，我们其实就和动物（也许除了最具野性的那几种动物之外）有着简单、共同的相处经验，并与它们架构了许许多多不同的关系，从猎食关系到最亲密的伙伴关系。……哲学家只有在他们就动物所发的言论中，才能显现出其动机的'纯粹'。"他进而认为，对于动物行为的研究，可以帮助人类"看到隐藏在人类行径之下以及在他们灵魂深处的一切"。马吉欧里在这本书中，还选取了《庄子的蝴蝶》一则，来说明欧洲以外的哲学家与动物的故事。

五

很遗憾的是，这套丛书的作者，大都对东亚，特别是中国有关动植物丰富的历史了解甚少。其实，中国古代文献包含了极其丰富的有关动植物的内容，对此在德语世界也有很多介绍和研究。19世纪就有德国人对中国博物学知识怀有好奇心，比如，汉学家普拉斯（Johann Heinrich Plath, 1802—

1874）在1869年发表的皇家巴伐利亚科学院论文中，就曾系统地研究了古代中国人的活动，论文的前半部分内容都是关于中国的农业、畜牧业、狩猎和渔业。1935年《通报》上发表了劳费尔（Berthold Laufer, 1874 — 1934）有关黑麦的遗著，这种作物在中国并不常见。有关古代中国的家畜研究，何可思（Eduard Erkes, 1891 — 1958）写有一系列的专题论文，涉及马、鸟、犬、猪、蜂。这些论文所依据的材料主要是先秦的经典，同时又补充以考古发现以及后世的民俗材料，从中考察了动物在祭礼和神话中的用途。著名汉学家霍福民（Alfred Hoffmann, 1911 — 1997）曾编写过一部《中国鸟名词汇表》，对中国古籍中所记载的各种鸟类名称做了科学的分类和翻译。有关中国矿藏的研究，劳费尔的英文名著《钻石》（*Diamond*）依然是这方面最重要的专著。这部著作出版于1915年，此后门琴 – 黑尔芬（Otto John Maenchen-Helfen, 1894 — 1969）对有关钻石的情况做了补充，他认为也许在《淮南子》第二章中就已经暗示中国人知道了钻石。

此外，如果具备中国文化史的知识，可以对很多话题进行更加深入的研究。例如中文里所说的"飞蛾扑火"，在德文中用 "Schmetterling" 更合适，这既是蝴蝶又是飞蛾，同时象征着灵魂。由于贪恋光明，飞蛾以此焚身，而得到转生。这是歌德的《天福的向往》(Selige Sehnsucht)一诗的中心内容。

前一段时间，中国国家博物馆希望收藏德国生物学家和鸟类学家卫格德(Max Hugo Weigold，1886—1973)教授的藏品，他们向我征求意见，我给予了积极的反馈。早在1909年，卫格德就成为德国鸟类学家协会(Deutsche Ornithologen-Gesellschaft)的会员，他被认为是德国自然保护的先驱之一，正是他将自然保护的思想带给了普通的民众。作为动物学家，卫格德单独命名了5个鸟类亚种，与他人合作命名了7个鸟类亚种。另有大约6种鸟类和7种脊椎动物以他的名字命名，举例来讲：分布在吉林市松花江的隆脊异足猛水蚤的拉丁文名字为Canthocamptus weigoldi；分布在四川洪雅瓦屋山的魏氏齿蟾的拉丁文名称为Oreolalax weigoldi；分布于甘肃、四川等地的褐顶雀鹛四川亚种的拉丁文名为Schoeniparus brunnea weigoldi。这些都是卫格德首次发现的，也是中国对世界物种多样性的贡献，在他的日记中有详细的发现过程的记录，弥足珍贵。卫格德1913年来中国进行探险旅行，1914年在映秀(Wassuland，毗邻现卧龙自然保护区)的猎户那里购得"竹熊"(Bambus-bären)的皮，成为第一个在中国看到大熊猫的西方博物学家。

卫格德记录了购买大熊猫皮的经过，以及饲养熊猫幼崽失败的过程，上述内容均附有极为珍贵的照片资料。

东亚地区对丰富博物学的内容方面有巨大的贡献。我期待中国的博物学家，能够将东西方博物学的知识融会贯通，写出真正的全球博物学著作。

2021 年 5 月 16 日

于北京外国语大学全球史研究院

目 录

序言：猪与假象

猪是令人钦佩的动物，也是令人不安的动物。猪与人类相互吸引与排斥：我们很难在两者间找到适当的距离，猪与人类之间的界限极其模糊，其关系也处于复杂的矛盾之中。当第一次看见本书的封面设计初稿时，我被深深震惊了：首先，书名与作者名之间展示出的第三格所属形式所传递的双重意义吸引了我的注意，"猪：托马斯·马可的肖像"[1]既可以指代肖像描绘的对象"猪"，也可以指代绘画者或描述者主体本身；其次，我又再次被自己脑海中的一个疑问震惊，即在同属本系列图书的其他出版物，例如乌鸦、鲟鱼、猫头鹰或驴子的肖像中，我为何未曾感受到此种双重意义？可以肯定的是，绝对没有人愿意被描绘为猪或母猪，然而，这究竟是为什么呢？什么是人类与猪之间保持必要距离的根本原因？一种答案是：猪与我们在很多方面极为相似。有时，猪以与人类相似的状态出现。按照弗洛伊德的观点，

---

1 德文版书名可与作者名视为一个整体，即 Schweine : Ein Portrait von Thomas Macho 。——编者注

猪诡异地植根于人类熟悉的世界中：压抑着、隐藏着、隐匿着。猪与人类在很多方面极为相似。一种普遍化的民间信仰认为，一旦有人遇见了自己的双重分身，死亡便要来临。

猪便是这样诡异的双重分身。英国作家乔治·奥威尔（George Orwell，1903—1950）的中篇小说《动物农场》（德文名：*Farm der Tiere*，英文原名：*Animal Farm*）以一段对猪或人都毫无偏向的寓言作为全书的结尾：“现在，猪的脸上又发生了变化，是毫无疑问的了，窗外的动物从猪看到人，再从人看到猪，又从猪看到人。但是他们已经无法看出，猪和人有什么区别了。”[1]德国作家戈特弗里德·贝恩（Gottfried Benn，1886—1956）也有过类似的描述猪与人类双重性的诗作：“万物之冠，猪，人。”[2]而英国政治家丘吉尔（Winston Churchill，1874—1965）则说：“我喜欢猪。狗总是从下往上仰视人类，一副摇尾乞怜的样子。猫总是从上往下蔑视人类，一副瞧不起人的样子。只有猪永远平视，对人类不卑不亢一

1　乔治·奥威尔：《动物农场》，德文版（*Farm der Tiere*，Berlin 1990），第111页。[译文转引自奥威尔著，黄磊译：《奥威尔经典文集》，中国华侨出版社，2000年，第103页。——译注]

2　戈特弗里德·贝恩：《第一本诗歌集》，德文版（*Gedichte in der Fassung der Erstdrucke*，Frankfurt am Main 1982），第88页。

视同仁。"[1] 但是，这种"平视"存在于哪里呢？人类并未以同等的"平视"对待猪：我们猎取和饲养猪，只是为了以它们为食。猪肉是最受人类喜爱的肉类。全世界每年的猪肉产量超过1.16亿吨，[2] 每个德国人在一生中平均能够吃掉4头牛和4只羊，而对猪的消耗则多达46头。[3] 这些数字令人震惊，因为我们无法将每一个数字与具体的生活一一对应。猪，在我们的餐盘中以肉排、熏肉或培根的形式出现，很少能够让我们联想到它们的身形，这点与鱼或鸡截然不同。我们一直将猪们作为主要的肉食，但却从未注意过它们。

猪与我们在很多方面极为相似。它们几乎是无形的，但又"无处不在"，正如玛丽莲·尼森森（Marilyn Nissenson）和苏珊·乔纳斯（Susan Jonas）所认为的那样。猪是缺席的存在。当我们在一生中吃光46头猪的时候，猪们则在更广阔的想象空间中不断繁殖，它们出现在神话、寓言传说、诗

1　马丁·吉尔伯特（Martin Gilbert）：《温斯顿·S.丘吉尔：永不屈服，1945—1965》，英文版（*Winston S. Churchill VIII. Never Despair, 1945—1965*, London 1988），第304页。

2　海因里希·伯尔基金会等编 | Heinrich-Böll-Stiftung et al.（Hrsg.）|：《肉类地图2013年：动物作为食品的数据和事实》，德文版（*Fleischatlas 2013. Daten und Fakten über Tiere als Nahrungsmittel*, Berlin 2013），第13页。

3　同上引，第21页。

歌、小说、图片、电影、艺术品和戏剧演出中，也会现身于广告海报、餐具、玩具等各种通俗的日常生活物品中。猪的肖像活跃于广阔的领域中，一方面是真实但又不尽可知的鬃毛动物形象，另一方面是源于极端真实形象的再创作想象，例如祝福与漫画中的猪，从佩吉小姐到幼猪宝宝再到奥威尔《动物农场》中的拿破仑。猪与"假象"一词是押韵的，然而这种在艺术创作与投射相互作用下的假象却使真实生动的动物形象黯然失色。小时候，我还曾在猪圈中见过猪，屠宰的可怕场景一直伴我入梦。令我恐惧的并非锋利的屠刀或者鲜红的血流，而是猪的叫声。当猪被屠杀时，它们会发出像人一样的叫喊声。

直至现代，猪不仅生活在猪圈和树林里，也被圈养于城市中。它们被关在房屋旁边的猪圈里，以家庭和花园的垃圾为食，每天中有多次在空地上自由活动的放养时间。这种饲养方式被广泛应用，以至于各个城市议会必须多次出台法规和禁令 —— 尤其是在欧洲中世纪大规模的鼠疫之后，当然也取得了显而易见的成效。1410年，德国城市乌尔姆（当时人口约9000人）规定的养猪数量为每个公民最多允许饲养24头猪。此外，猪的放养时间只能在正午的一个小时之内。哈勒于 1468 年出台法令，禁止在城市养猪。1500 年前后，法兰克福每 1 万名公民所拥有的猪的数量为 1200 头。柏林于 1685 年开始颁布养猪禁令，据称其原因是大选帝侯弗里德里希·威廉（Friedrich Wilhelm，1620—1688）的一匹马差点被一头猪绊倒，此事过后不久，一群猪又再次阻挡了他夫人的去路。[1]1709 年，汉堡参议院被迫在海报上公开表示，"在这个人口稠密的城市中，经常在街道小巷放养的猪有可能会导致危险的疾病"。汉堡公民被要求在 8 天之内将这些猪屠宰或卖掉，如果他们不想冒着高额罚款或被没收猪 —— 这对有需要的士兵来说则极为有利 —— 的风险。

城市猪群绝不会灭绝，与此同时，其他大陆的猪们也在闲庭信步。目前，生活在哈瓦那的猪为 6.3 万头，墨西哥城猪的数量远超 2.26 万头。然而，我们几乎很难见到每年在德国境内屠宰的约 6000 万头猪。我只能够从纪录影片中见到饲养着几千头猪的养猪场，我也从未去过屠宰场 —— 除了监狱、疯人院与诊所之外必须补充的一个福柯意义下的

1　汉斯 - 迪特尔·丹嫩贝格（Hans-Dieter Dannenberg）：《拥有幸福：猪的历史与轶事》，德文版（*Schwein haben. Historisches und Histörchen vom Schwein*, Jena 1990），第 68 页。

布雷姆的动物生活：野猪与温柔俏皮的小野猪

现代机构。甚至在柏林这样一个谈不上人口稠密的城市中，我也从未在过去的二十年里遇见过一头野猪。据称应该有超过6000头野猪生活在柏林，但"野猪首都"这样的美誉着实令人怀疑。尽管柏林参议院很早之前便已向公众提出过自己的建议，告诉人们应该如何在城市中与野猪正确相处：禁止投食！

猪与人类在很多方面极为相似。"我爱猪"，著名的科拉·斯泰凡(Cora Stephan，1951—　)在她的《一名养猪人的回忆录》(*Memoiren einer Schweinezüchterin*)一书中写道：

"它们是理想的家庭伙伴。它们在森林中寻觅松果、橡树果、板栗和菌菇。它们吃蠕虫、蛴螬、昆虫的幼虫，也会将老鼠或其他啮齿动物作为猎取对象。它们出色的鼻子还可用于寻找松露（分享是公平的！），它们也能够被训练为缉毒猪，甚至是高品质的猎猪。它们如同海豚一般聪慧，它们的爱温柔而持久，也足够敏感。它们贪玩又喜欢享乐，淘气又黏人，是优秀的奔跑者和游泳健将。它们是人类的好朋友，不要将它们与其他普通意义上的鬃毛类动物相提并论。这种相似性并不是第一次导致产生激烈的敌意了。"[1]

1　科拉·斯泰凡：《一名养猪人的回忆录》，载《萝卜·美食文学杂志》1990年第 2 期（ *Die Rübe. Magazin für kulinarische Literatur*, Heft 2 1990 ），第 113—121 页，该处见第 117 页。

成为家畜：驯化史

野猪是如何被驯化的？或者一个更为简单的问题：野猪是何时进入人类房子的？这也许经历了很长的一段历程。《布雷姆的动物生活》（*Brehms Tierleben*）一书中强调："猪细心而害羞，在危险来临之前便早已跑掉，若身处险境，则会勇敢地保护自己，并不顾一切地攻击对手。猪会绕着对手奔跑，用自己锋利的牙齿攻击对方，它们懂得通过高超的技巧与巨大的力量利用自己可怕的武器，攻击中的猪将变得极为危险。所有野猪都会奋不顾身地保护幼猪。不守规矩和固执，这与猪的其他优秀品质甚不相符，猪看起来也并不适合被驯化。"[1]

尽管具有这些特质，猪依然还是作为第二种被驯化的偶蹄目动物屈服于人类了，其驯化史距今已有至少八千年。最新的分类学表明，野猪可分为32个亚种，3个大类，尽管此数据一直处于变化中：主要分布于欧洲、北非以及中亚、

1　阿尔弗雷德·埃德蒙·布雷姆等（Alfred Edmund Brehm et al.）：《布雷姆的动物生活：动物王国的知识》第 3 卷，德文版（*Brehms Tierleben. Allgemeine Kunde des Tierreichs. Die Säugetiere. Dritter Band*, Leipzig / Wien 1900），第 512 页及下文。

西亚地区的野猪（scrofa-Gruppe），分布于印尼、日本、中国和东西伯利亚的印尼野猪（vittatus-Gruppe），以及分布于印度次大陆的印度野猪（cristatus-Gruppe）。[1]几乎所有这些地区都熟知或在历史上曾经了解猪与人类共存的模式。野猪的驯化史开始于亚洲的不同地区。正如绵羊和山羊，我们只能依靠动物骸骨尺寸的显著缩小来推断其驯化的具体进程。在土耳其南部托罗斯山脉（Taurus）附近的安纳托利亚（Anatolien）的一处新石器时代遗址中，大约一半的猪骨已具备家猪的特征。对位于伊拉克北部地区扎格罗斯山（Zāgros）脚下的史前农耕村庄雅尔莫（Jarmo）的考古发掘也能够证明猪的逐步驯化从距今至少七千年之前便开始了。

与现代畜牧业不同，野猪的驯化完全没有任何的战略计划和经验可循。在漫长的时间中 —— 在或多或少偶然性的作用下 —— 也产生了许多不同的驯养动物的实用措施：圈养或活动限制，采取个别喂食的措施，或者直接杀掉那些使人类监管变得困难的特别具备反抗和自我意识的动物。这

---

1 诺伯特·贝奈克（Norbert Benecke）：《人类与他的家畜：一段千年关系史》，德文版（ *Der Mensch und seine Haustiere. Die Geschichte einer jahrtausendealten Beziehung*, Stuttgart 1994），第249页。

种驯化可以被描述为动物与人类之间的同盟：人类提供的食物以及对动物生命安全的保障是对它们部分丧失的行动自由的补偿。此种同盟很容易使人联想到早期城市中农民与城市公民之间相互的共生关系，他们相互交换农副产品、工事修筑（城墙、运河和灌溉设施）、经济产品（粮仓、贸易）和军事用品（防御）。

一些动物，例如狗，乐于寻求建立与人类之间的同盟关系，以至于当代动物行为学总是喜欢抛出一个问题：人类与狗之间，究竟是谁被谁驯化了？其他一些动物则完全不能接受被驯养，因为它们在圈养的环境下将迅速死亡或者无法继续繁殖。公牛、驴或马在驯化过程中被擢升为颇具价值的劳动力；山羊、绵羊或奶牛在与人类共同的生活中做出了巨大贡献，它们通过消耗那些人类胃口无法接受的草类生产出了奶、油脂、奶酪或羊毛。只有在极少数的情况下，这些动物才会被宰杀食用，它们鲜活的生命远比冰冷的肉珍贵，何况肉也很难保存。与此相反，猪从一开始就被视作食用肉类。它们不是畜力和脚力动物，如果正好缺少牛或驴，猪也不能驮着谷物去打谷场。猪在被宰杀之前，它们无法产生任何油脂，更不用说奶或奶酪，猪与人类一样还要以这些东西为食：猪是杂食动物，人类自身也是杂食动物。这种饮食的相似性使养猪颇具经济风险。在食物短缺时期，人们必须保证猪从人类盘中分走的食物不会影响人类自身的温饱。因此，养猪者始终希望猪能够在野外草地获得足够的食物，而非总是依赖于厨房里的那些喂食槽。

落叶阔叶混合林、沼泽地和芦苇地是养猪的首选区域。考虑到饲养经济学的因素，肥沃的半月形山地并不适合作为猪的牧场。南亚和中国将猪作为最古老的经济养殖动物，这里的情形却有所不同。正如德国考古研究院动物学家诺伯特·贝奈克所报道的那样，中国河北磁山文化遗址出土的最早的家猪骨骼距今至少已有八千年历史。牛、绵羊和山羊在后期的仰韶文化中才逐渐出现。古埃及的家猪驯养史至少可追溯至公元前5000年之前，出土的猪骨骼可以证明其当时在上埃及（尼罗河河谷）与下埃及（尼罗河三角洲）地区的存在。猪被圈养在很大的猪圈甚至寺庙里，至少在古埃及王朝的全盛时期已被广泛养殖，猪崽在祭祀中充当殉葬品。然而，当时的图画或原始记录却极为罕见。几个与此相关的例外被引用于专业文献中：出土于古埃及蒙尔马迪–贝尼所罗蒙（Merimde Benisalâme）史前遗址（约公元前5000年）的家

古埃及的养猪业：出土于古埃及建筑师伊内尼（Ineni）墓葬的壁画，伊内尼也是埃及第十八王朝阿蒙霍特普一世 （Amenophis I.）及图特摩斯一世（Thutmosis I.）麾下的政府官员。人类使用骨鞭威胁猪

猪或野猪的黏土雕塑；萨卡拉（Sakkara）墓地的一幅壁画（约公元前2300年），描绘一位牧羊人嘴对嘴为一头猪崽喂食。一位来自埃及卢克索（Luxor）地区以南80千米的埃尔卡布（Elkâb）地区的贵族在埃及第十八王朝初期（约公元前1550年）所拥有的家畜情况如下：122头牛、100只绵羊、1200只山羊和1500头猪。此时，猪在家畜中占据绝对头等的位置，出土于埃尔卡布地区的猪骨数量也可作为对此的佐证，正如约阿希姆·博斯奈克（Joachim Boessneck）在他的研究《古

埃及的动物世界》(*Tierwelt des alten Ägypten*)中所提到的一样。在其他的名单上，猪却几乎没有出现。埃及国王阿梅诺菲斯三世(Amenophis Ⅲ)执政于公元前1388年至公元前1351年，即使有记录他任下的一位高官"曾为去世的王后敬献了1000头猪和1000头猪崽，作为殉葬品葬于孟斐斯(Memphis)，那么这些数字可能只是一种抽象的表示"，博斯奈克认为。埃及第十八王朝的一幅壁画突出描绘了一个有着长鼻子、竖立的耳朵、环形尾巴且背部有高高鬃毛的身形细长高大的动物。

频繁出土的猪骨与数量极为稀少的图画和文字记录之间的矛盾可以归结为猪越来越成为非难的对象和禁忌。对猪的矛盾感情早在古埃及便已产生，但尚未导致食用猪肉的礼仪禁忌。希罗多德(Herodotus)在他的《历史》第2卷中讲述了这种人类对猪的矛盾心情："古埃及人将猪视为不洁之物。如果在路上偶然遇见猪，就要马上到河里去洗澡，甚至穿着衣服就跳进河里。甚至连那些拥有纯正埃及血统的养猪人都不被允许进入神庙，这是古埃及人在阶层划分中最为特殊的规定。既没有人愿意把女儿嫁给养猪人，也没有人愿意娶养猪人的女儿为妻，因此养猪人只能内部通婚。……古埃

一头小猪的献祭：一个红色人物花瓶上的圆形浮雕画（约公元前 510 年—公元前 500 年 ）

及人不将猪敬献给其他任何神，除了在满月这天将其献给月亮女神塞勒涅（Selene）和酒神狄奥尼索斯（Dionysos）。……在猪被宰杀之后，猪尾尖、脾脏和腹膜被覆盖在整块腹部脂肪下一起烧掉。其余的猪肉将会在满月敬献的当天被吃

掉。"¹流传于埃尔卡布地区的一首关于猪的诗歌也解释了希
罗多德所描述的这种古埃及人与猪之间的关系。这座城市是
古埃及奈库贝特女神（Nekhbet）最为重要的文化中心，奈库
贝特女神在这一地区广受尊崇，之后也被视同为古希腊月亮
女神塞勒涅；或许这正是由于古埃及人频繁地将猪作为祭品
敬献给她。

　　然而，猪从未离开具有野蛮特征的联想范畴。在古埃
及神话中，它与河马一样，被分配给冥王奥西里斯（Osiris）
的邪恶兄弟与对手 —— 塞特（Seth）。所谓的《死亡之书》
讲述太阳神拉（Re）死后的地下世界，其中的一段场景描绘
了掌管文字和时间的智慧女神托特（Thot）化身为一只拿着
木棍的狒狒，从天堂小船中驱赶一头猪，此猪即为塞特。塞
特代表了野性、沙漠、风暴和混沌，同时也被视作南部绿洲
的守护神和统治者。他是天空女神努特（Nut）的儿子，努
特原本就被描绘为一只吃掉自己猪崽的母猪。这种象征性的
描绘与现实中饥饿的母猪会吃掉自己猪崽的情况相符，此
情形也会使人联想到东方黎明之星的消失。如同汉斯·彼

1　希罗多德：《历史》，德文版（*Historien*, Stuttgart 1971），第 121 页【II.47】。

这是家猪的生活世界：栅栏、喂食槽和其他家禽

得·杜尔（Hans Peter Duerr）在1978年出版的著作《梦幻时代》（*Traumzeit*）中所调查的那样，这些神话想象不仅体现了文明与野蛮之间的紧张关系，也展现了生命、死亡与重生之间理想化的宇宙循环。与塞特在古埃及神话中的定位一致，猪一直也被描绘为矛盾的综合体：它不仅是家畜，也活跃于荒野、森林与沼泽之中；它是丰富多产的象征，但也昭示着死亡和边缘。对猪的驯化始终是一项危险的工作；考古发现，中世纪的家猪依然具有一些"小野猪的习性"，此种

这是野猪的生活世界：树木、蕨类植物和菌类

发现与以上观察的结果极为吻合，"对家猪习性的研究也可以作为判断野猪向驯化的猪群转变的证据，此种转变直至今天还在继续进行"。"同时，考古发掘出的不同时期的动物骨骼表明，家猪与野猪之间偶尔也存在着杂交。除此之外，居住环境会对猪的外形产生巨大影响，因此可能会出现数量不小的家猪拥有与野猪相似的外形特征"[1]，正如阿尔布雷希

---

1 诺伯特·贝奈克：《人类与他的家畜：一段千年关系史》，德文版，第 256 页。

德国画家阿尔布雷希特·丢勒铅笔画中的家猪：讲述《圣经》中浪子回头的故事

特·丢勒（Albrecht Dürer，1471—1528）在版画中所描绘的情形。四百多年之后，布雷姆也警告人类不要高估自己对猪的驯化成果："它们非凡的繁殖能力和对不断变化的环境的适应能力使其成为非常适合家庭的动物。很少有动物能够如此轻易地被驯服，也很少有动物像猪一样迅速地恢复野性。一只年幼的野猪很容易适应肮脏的猪圈，一只早已习惯圈养生活的家猪在被放归野外、重获自由几年之后，又能够变成与它祖先一样的野蛮凶恶的动物。"[1] 压抑的回归？仅仅是表面的驯服？

　　从某种程度上来说，对猪的驯化始终是危险的，无论是作为敬献神的牺牲、塞特的化身或是现代主要肉类屠宰的来源：我们遇见的是作为生物的猪，猪对野性的特别倾向证明它们与其他所有动物的区别，人们养猪只是为了一个目的，就是吃肉。猪需要野外和森林，而人类只需要猪的肉。针对狗提出的问题 —— 人类与狗之间，究竟是谁把谁带回了家，究竟是谁被谁驯化了 —— 在人类与猪之间显得极为不对等。与其他的家畜不同，猪与我们保持着太远的距离；

1　阿尔弗雷德·埃德蒙·布雷姆等：《布雷姆的动物生活：动物王国的知识》第3卷，德文版，第513页。

同时，作为纯粹的食物储备，猪又能够保障人类度过饥荒。换句话说，人类与猪之间的同盟关系从一开始就是生死攸关的。猪与我们在很多方面都极为相似。

饮食禁忌

人类对猪的矛盾心理也反映在食物禁忌上，然而，这些禁忌在古埃及文化中并没有出现 —— 尽管古埃及对养猪人已有社会歧视 —— 也没有在古希腊罗马时期出现。猪肉为什么是一些一神论宗教中的禁物？为什么直至今天，还有不少人会因为偶然遇见猪肉而宁愿去死，如同政治冲突中实际与象征性的矛盾升级？"1857年，印度的穆斯林士兵拒绝使用英国当局为恩菲尔德步枪制造的新式子弹，据说它们被猪油涂抹过。尽管谣言并不真实，但印度士兵的强烈抗议在几周之内演变为了英国和印度两国之间真正的战争。英国殖民者花了一年多时间镇压印度士兵起义，他们大量焚烧印度大陆北部地区的民房，杀害了数以千计的无辜民众。"[1]直至现今，在一些冲突中，人们也会偶尔威胁将对方的尸体埋进猪皮中，以剥夺他们进入天堂的希望。

《摩西五经》第3卷描述了复杂的饮食规则与禁忌，第

---

1 玛丽莲·尼森森、苏珊·乔纳斯：《无所不在的猪》，德文版（*Das allgegen-wärtige Schwein*, Köln 1997），第20页。

11章第1小节主要针对陆地动物的饮食规则："在地上一切走兽中可吃的乃是这些，凡蹄分两瓣，倒嚼的走兽，你们都可以吃。但那倒嚼或分蹄之中不可吃的乃是骆驼，因为倒嚼不分蹄，就与你们不洁净。沙番因为倒嚼不分蹄，就与你们不洁净。兔子因为倒嚼不分蹄，就与你们不洁净。猪因为蹄分两瓣，却不倒嚼，就与你们不洁净。这些兽的肉，你们不可吃，死的，你们不可摸，都与你们不洁净。"(《利未记》第11章，2—8）。此法规不仅适用于猪，也适用于骆驼、沙番和兔子；然而猪是唯一蹄子分瓣却无反刍习性的偶蹄目动物，始终占据独一无二的位置。尽管该书在接下来的几章中所讲解的饮食规则也涉及了水生动物、鸟类、昆虫和地上爬物（鼬鼠、鼫鼠或蜥蜴等），但是却反复强调无反刍的偶蹄类动物的饮食或接触禁忌(《利未记》第11章，26）。《古兰经》与基督教的饮食规定不同，但对猪的禁忌被列入了法规之中。

在了解认为猪肉不洁的宗教观点之后，让我们回到世俗社会的理性，尝试解释为何猪肉存在如此多的饮食禁忌。12世纪的犹太哲学家、律师、埃及伊斯兰苏丹萨拉丁的医生迈蒙尼德（Moses Maimonides，1135—1204）认为，"我们在饮食法规中所禁止饮食的都是对人体有害的，或许人们会怀疑它们是否确实有害，但唯有猪肉毋庸置疑，的确有害"。他随后又表示，法规禁止食用猪肉主要是"由于它实在不洁"："你们知道，对猪肉的禁忌非常严格，它们甚至也不能出现在露天场地和郊外，以确保城市内部更为洁净。若律法允许埃及人和犹太人养猪，那么开罗的所有街道和房屋都会变成比欧洲法兰克人的国家更为野蛮的肮脏之地。你们肯定也知道老师的一句话：'猪嘴就如同大粪本身一样肮脏。'简而言之：猪吃粪的行为非常不卫生，因此不能允许你们吃猪肉。"[1]当然，这种观念也很容易被推翻：山羊、鸡和狗在极端情况下也会吃大粪。医生迈蒙尼德从医学实用性角度推断猪肉饮食禁忌的有效性，这样细致的努力令人尊敬。亚里士多德哲学认为，信仰与知识应当调和一致。

从医学角度解释不吃猪肉的公众健康理论的尝试在1859年取得了新的突破，人们首次从未煮熟的猪肉里发现了旋毛虫。反对的意见表明，从前的宗教人士根本不可能知道猪肉与寄生虫之间的关联，更不用说大多数食用肉类也都对人类

---

[1] 迈蒙尼德：《迷途指津》，德文版（*Führer der Unschlüssigen. Drittes Buch*, Leipzig 1924），第 310 页及下文。

健康有着潜在的风险："比如说，没有煮熟的牛肉便是绦虫的多产之源，它能在人类肠道中长到16英寸至20英寸（约41厘米到51厘米）长，引发严重的贫血症，并降低人体抵抗其他病菌的能力。牛、山羊和绵羊都会传播一种叫作布鲁氏菌病（Brucellose）的细菌性疾病，其发病症状包括发烧、全身碎裂感疼痛和乏力。由牛、山羊和绵羊传播的最危险的疾病是炭疽热（德文名：Milzbrand，英文名：Anthrax），在路易·巴斯德（Louis Pasteur，1822—1895）于1881年发明炭疽热疫苗以前，这种疾病在欧洲和亚洲的畜与人之间都很流行。炭疽热与旋毛虫病不同，旋毛虫病在多数受感染的人身上并不产生症状，也很少产生致命的后果，而炭疽热则发病迅速，先是诱发脓肿，然后导致死亡。"[1]

　　以上引用的是人类学家马文·哈里斯（Marvin Harris，1927—2001）针对旋毛虫病的论点，上帝禁止的不是吃猪肉，而是禁止吃没有煮熟的猪肉。就猪肉饮食禁忌的问题，哈里斯又发展了两个自己的理论：社会生态学的和生态学的。社会生态学理论认为，猪不是游牧民族适宜饲养的家

---

[1]　马文·哈里斯：《美味与厌恶：食物禁忌之谜》，德文版（*Wohlgeschmack und Widerwillen. Die Rätsel der Nahrungstabus*, Stuttgart 1990），第69页及下文。

畜，罗马农耕经济或史前城市那样稳定的生活环境对猪来说更为合适。"与那些曾经生活在炎热、半干燥、阳光充沛的草原上的牛、绵羊、山羊的祖先不同，猪的祖先居住在水源充沛的、阴凉的森林谷地和河岸地区。猪的身体调温系统最不适应的是炎热、日晒的地方，那正是亚伯拉罕的子孙们的家乡。……像以色列人这样的草原游牧民族，在其寻找适宜耕种的土地的早期，养猪是不可能的。没有哪一个在干旱地带游牧的人群是养猪的，原因很简单，很难保护猪群不受炎热、日晒的威胁，在从一个营地向另一个营地的远距离迁移中又缺少水的供应。"[1]而骆驼是一种蹄子分瓣且反刍的陆生脊椎动物，为什么吃骆驼肉也是禁忌呢？或许是因为骆驼太过珍贵："骆驼具有惊人的储存水能力、耐热力和远距离负重的能力，它们的长睫毛和能够紧闭的鼻孔足以使它们在沙暴中得到保护。这样，骆驼就是中东地区沙漠游牧人的最重要的财富。"[2]

哈里斯继续借人类学家卡尔顿·库恩（Carleton S. Coon，1904 — 1981）的解释补充自己的观点：近东、中东地区养猪

1　马文·哈里斯：《美味与厌恶：食物禁忌之谜》，德文版，第73页及下文。

2　同上引，第79页及下文。

一头野猪（1840），很明显在去泥塘的路上

业普遍衰落的原因在于气候变化、森林减少与人口增加。"在新石器时代早期，猪可以栖息在橡树和山毛榉的森林里，这些地方有充足的阴凉和水洼泥沼，还有橡树籽、山毛榉坚

果、块菌和其他林地产品。伴随着人口密度的加大，农庄领地的扩展，橡树和山毛榉森林被毁掉，以便为种植农作物提供环境，尤其是为了种橄榄树，这样就消除了适合猪的生态

小环境。"[1]从公元前5000年至今，安纳托利亚地区的森林面
积从占总土地面积的70%下降至13%；黑海沿岸山脉保存下
来的潮湿地带森林约为1/2；扎格罗斯山的橡树林和杜松林
仅有1/6至1/5存活下来。人们只能在某些残存的山地森林
或沼泽湿地边缘以巨大的成本继续养猪。而养猪禁令的存在
则表明猪的养殖并未完全消失：如果养猪的可能性一点儿都
不存在，那么也就根本不必寻找理由去禁止养猪了。

最后一个值得一提的理论是克里斯托弗·希钦斯
（Christopher Hitchens，1949—2011）在前些年提出的：他没
有从社会生态学或生态学角度出发分析，而是以文化变迁为
视角，关注在先知书中所体现出的祭祀习俗的逐渐淡化，尤
其是其中对用儿童作为祭品这类习俗的批评。例如耶利米先
知反对在"欣嫩子谷建筑陀斐特的邱坛"，在火中焚烧儿童。
（《耶利米书》第7章，31）何西阿说："我喜爱良善（或作怜
恤），不喜爱祭祀；喜爱认识神，胜于燔祭。"（《何西阿书》第
6章，6）在记载饮食禁忌的《利未记》中也有一句："不可使你
的儿女经火归与摩洛，也不可亵渎你神的名。"（《利未记》第

---

[1] 马文·哈里斯：《美味与厌恶：食物禁忌之谜》，德文版，第75页及下文。

18章，21）

　　希钦斯提醒说，猪肉的味道应该与人肉非常类似。他推测，对猪肉的饮食禁令是一种武器，以此对宗教中的人祭习俗进行斗争和制裁："那些没有受到过影响的儿童总会被猪吸引，尤其是可爱的幼猪；消防员通常都不喜欢吃猪肉或烤猪皮。在新几内亚及其他一些地区，烤人肉的野蛮术语是'一头长猪'：我个人从来没有过这种口味的经历，但是很显然我们的味道也会和猪一样。……人类之所以总是被猪吸引，但又对其无比厌恶的人类学解释在于：猪的外形、猪的口味、猪在临死前的叫声以及它们那毋庸置疑的聪慧与人类极为尴尬地相似。对猪的恐惧有可能起源于人牲人祭，甚至是人吃人的黑暗年代，《圣经》中的某些语句有时已经很清楚地指明了这个意义。"[1]这段文字证明了一种禁忌的力量和神秘性，这种禁忌可能与针对宗教祭品的迫害和批评有关。猪便是这样的祭品。

1　克里斯托弗·希钦斯：《主不是牧羊人：宗教如何毒害世界》，德文版（*Der Herr ist kein Hirte. Wie Religion die Welt vergiftet*, München 2009），第 55 页及下文。

一头 1846 年的家猪，树桩取代了森林

古代的猪

从希罗多德对古埃及人将猪作为祭品的描述中可以看出，他认为此种行为很奇怪。养猪人被禁止与其他阶层通婚，被禁止踏入任何一座神庙的门，即便是纯正埃及血统的养猪人也属于最低等阶级，这些禁忌与荷马史诗《奥德赛》在十四行诗中对"神圣"猪倌欧迈奥斯的高尚描述有天壤之别。因为猪栏是奥德修斯离开港湾后所寻找的第一处地方，是他"遵循雅典娜女神的指引所寻觅的地方"。诗中细致描绘了欧迈奥斯为猪修建的用石块垒砌的宽大院落：他"用巨大的石块和刺篱把整个院落围绕。他在墙外侧又埋上木桩，连续不断，紧密排列，一色砍成的橡树干木。他在院里建造猪栏一共十二个，互相毗连，供猪休息，每个栏里分别圈猪五十头，一头头躺卧在地上，全是怀胎的母猪，公猪躺卧在栏外，数量远不及母猪，因为高贵的求婚人连连宰食使它们减少，牧猪奴须时时把肥壮的公猪中最好的一头送给他们，当时全猪栏一共只残存三百六十头。四条凶猛如恶兽的猎犬常睡在猪栏旁，它们也是由那个民众的首领牧猪奴喂养"。[1]
这个数字不亚于西班牙女星佩内洛普·克鲁兹（Penélope
Cruz）的贪婪追求者。12个猪栏乘以50头怀孕的母猪，还有
360头公猪。数字12代表了每个太阳年的12个月份，360代
表圆周弧度数，以及古代东方世界16进制、天文学和早期
历法学的神圣数字。这是否反映了一种可与古埃及人将天空
女神努特描绘为母猪的形象进行对比的猪的宇宙象征意义？

　　猪倌欧迈奥斯招待这位不认识的客人，因为奥德修斯在
雅典娜的帮助下变成了一位乞丐。欧迈奥斯"立即用腰带束紧
衣衫，前往猪栏，那里豢养着许多乳猪"。接着，"他从其中挑
选了两头捉来宰杀，燎净残毛，切成碎块，穿上肉叉。他把肉
全部烤熟，连同肉叉热腾腾地递给奥德修斯，撒上雪白的大麦
粉，然后用常春藤碗掺好甜蜜的酒酿，坐到奥德修斯的对面，
邀请客人用餐：'外乡人，现在请吃喝，奴仆们的食物，这些
乳猪、肥猪尽被求婚人吞食，他们心中既不畏惩罚，也不知怜
惜。'"[2]欧迈奥斯具有贵族血统，他是国王克特西奥斯的儿子，

1　译文转引自荷马著，王焕生译：《荷马史诗》，人民文学出版社，2003年，
　　第254页。——译注

2　同上引，第256—257页。——译注

在文中多次被称为"亲爱的朋友";当猪群被关进围栏之后，他便为奥德修斯的晚餐宰杀了一头已5年的肥猪。

通过以上的描述，我们很容易总结出当时养猪的基本方法：白天，在猪倌和猎犬的帮助下，猪被带至森林草地放养；夜晚，猪回到猪栏圈养。亚里士多德（Aristotle）在《动物志》中也提及养猪方法："猪最喜欢吃树根，它们完美的嘴部就是为了这样的工作而生的。猪是杂食动物，能够极为迅速地增肥长大；人需要60天时间才能够变胖。为了测量增重的数值，养猪人会在增重前为猪称体重，甚至会在此之前先让猪饿三天肚子。……对于猪和其他一些动物来说，安静地靠在一起有助于取暖，猪喜欢在泥中打滚对此也有所帮助。猪喜欢人们按照不同的年龄段给自己喂食。一只猪能够举起一只狼。"[1]三只小猪与邪恶大灰狼斗争的故事原来早已有古代传统。

我们可以在罗马时期的农业专业书籍中找到关于养猪方法更为具体和详细的描述。罗马帝国早期的学者科路美拉（Lucius Iunius Moderatus Columella）在他的鸿篇大著《论农业》（*De re rustica*）中描绘了猪的理想体形：饲养首选的是公

---

1 亚里士多德：《动物志》，德文版（*Tierkunde*, Paderborn 1957），第 341 页及下文【VIII, 6】。

荷兰画家杜贾尔丁 (Karel Dujardin，1622—1678) 笔下的三只小猪，在这幅版画中并没有出现狼的身影

猪，它应该"身体强壮，四肢呈四边形，而非细长或圆形，腹部突出，臀部较大，腿和蹄子不要过高，颈部肌肉强健有力，鼻子短小。……应该尽量选择那些身形细长的母猪，其他方面的指标与公猪一致。若当地气候多雨寒冷，则必须挑选一群长着坚硬、浓密、深色鬃毛的猪；若当地气候温和晴朗，无鬃毛或雪白的磨坊猪也可作为放养的猪种"。[1]磨坊剩余的麸皮可作为饲料喂养白色的磨坊猪。科路美拉强调，很多地区都可以养猪："最适合的区域是长有橡树、软木、榉树、桐树、椴树、红荆、榛子树以及各种野生果树的森林，例如山楂、角豆、杜松、大枣、野葡萄、山茱萸、草莓、李子树和野生啤酒树。这些植物果实成熟的不同时间跨越一年四季，猪群始终能够得到充足的食物供给。如果树木不足，猪便从土壤中觅食。与干燥的土地相比，猪更加喜欢潮湿的泥土，这样它们就能从泥土中挖掘蚯蚓，也可以在泥地里打滚，这是猪最喜欢的活动。"[2]

科路美拉在书中对猪圈设施也做了细致的描述，因

---

1 科路美拉：《论农业》第 2 卷，德文版（*Zwölf Bücher über Landwirtschaft. Band II, München / Zürich 1982*），第 201 页、第 203 页【VII, 9】。

2 同上引，第 203 页、第 205 页。

为猪群 —— 就像《奥德赛》中位于伊萨卡（Ithaka）的猪舍 —— 无法被一股脑儿锁在一起。"猪舍的中间部位要用木板隔开，刚生产完或正在怀孕的母猪被分别关在各个猪栏里。因为如果猪群全部待在一个大猪栏中，它们相互间的挤压与碰撞很容易伤害到胎儿。猪栏互相毗邻，四英尺（约1.22米）高的围栏用以防止猪自行跨越猪栏。猪圈上部不能覆盖任何东西，这样便于猪倌清点幼猪的数量，如果母猪没有察觉自己的身体压住了幼猪，猪倌也能将幼猪及时救出。猪倌必须聪明灵活、积极热忱、保持警觉；他必须认识并了解自己照管的所有母猪和幼猪。"[1]

猪倌负责维持猪圈中的家族秩序，例如他必须防止母猪给不是自己所生的幼猪哺乳。"因为猪崽一旦离开猪圈，就会很容易混在一起，而母猪也会不加辨别地把奶头塞给陌生的幼猪吮吸。猪倌最为重要的任务便是严格按照家谱将各个母猪和幼猪分开照管。"[2]如果猪倌无法记住所有的猪，科路美拉建议采用给猪编号的方式进行管理。

自罗马帝国时代起，猪作为家畜成为每家每户的重要

1　科路美拉：《论农业》第 2 卷，德文版，第 203 页，第 205 页。

2　同上引，第 205 页，第 207 页。

家猪与野猪，文艺复兴时期意大利博物学者乌利塞·阿尔德罗万迪
（Ulisse Aldrovandi，1522—1605）绘制的对比画

一位沉思的女孩正在观察喝奶的小猪们。英国画家理查德·厄勒姆（Richard Earlom，1743—1822）绘制的铜版画

财产。猪肉、火腿、香肠广受大众欢迎，猪也逐步在文化领域产生反响。一些钱币上刻有公猪的图像；与科路美拉同一时代的曾在罗马帝国皇帝尼禄（Nero）宫廷任职的罗马帝国作家佩特洛尼乌斯（Petronius）为待宰杀的猪写下了一段悼词："人们应该给它立一块墓碑，善待它的遗体并好生腌制；它的内脏给香肠制造者，它的里脊肉给女士，它的膀胱给

男孩，它的尾部给女孩。"[1] 后来人们甚至还发现了一块墓碑，上面雕刻着一头猪的画像，旁边刻有一行文字："这里安睡着一头猪。它活了 3 年 10 个月零 13 天。"[2] 罗马时期人类对猪的同情可追溯至永恒之城罗马建立之初的传说，正如古希腊哲学家普鲁塔克（Plutarch）所述 —— 他是一位坚定的肉食反对者和绝对的素食拥护者。因为在这段传说中，不仅有一只母狼，同时还有一位牧猪人扮演着非常重要的角色。这个广为人知的故事始于一对孪生子罗慕洛（Romulo）和雷莫（Remo）被放在竹篮抛弃在台伯河（Tiber）中，落水婴儿后来被冲到岸边的一棵无花果树下，"这时，一只母狼用乳汁将他们哺喂成活，并保护他们的安全"，普鲁塔克讲述道。善良的猪倌福斯图卢斯（Faustulus）将两个孩子养育成人，他的妻子据传是一位护士。普鲁塔克补充说，根据其他来源，"这位猪倌的妻子名为阿卡·拉伦提亚（Akka Larentia），拉丁语中 'Lupa' 意为母狼或妓院，猪倌妻子的名字应该就是第一种含义。罗马人向她奉献祭品，每年春天的战神祭

1　汉斯-迪特尔·丹嫩贝格：《拥有幸福：猪的历史与轶事》，德文版，第 52 页。
2　同上引，第 51 页。

司举行酹酒仪式，名为拉伦提亚节（Larentia）"[1]。由此，其他一些作家尝试在拉伦提亚与拉尔神（Laren）之间建立一座桥梁。根据亚里士多德的指引，比罗马建立传说的各种版本更有趣的是，作为背景的狼与猪之间的特别关系。

母狼还是妓院？是否能够使用幼猪或成猪来替代人类的孩子作为祭品，采取与摩西、俄狄浦斯王、罗慕洛和雷莫传说中相同的方式，在森林或河流中献祭，也正如希钦斯所推测的那样？这个针对祭品的问题又曲折地引出另一个关于包玻（Baubo）的神话传说。古希腊神话中的丰收女神、农业女神名为德墨忒尔（Demeter），她是第二代众神之王克洛诺斯（Kronos）与众神之王后瑞亚（Rhea）的女儿，赫斯提亚（Hestia）、赫拉（Hera）、波塞冬（Poseidon）、哈迪斯（Hades）和宙斯（Zeus）的姐姐。她的女儿珀尔塞福涅（Persephone），在罗马神话中名为普洛塞庇娜（Proserpina），被哈迪斯绑架到冥界与其结婚，成为冥后。德墨忒尔失去女儿后非常悲伤，离开奥林匹斯山到处疯狂寻找女儿，大地万物停止生长，人类相继死亡。后来，珀尔塞福涅被允许每年

1　普鲁塔克：《比较列传》第 1 部，德文版（*Vergleichende Lebensbeschreibungen*，Erster Theil，Magdeburg 1799），第 76 页及下文。

包玻骑在一头猪身上展现她的下体：意大利南部的纪念人像

有1/3的时间留在冥界，剩余时间则在人间与母亲共度。她在地上的时候，人间便是春季和夏季，在冥界的时候，人间便成了秋冬。在德墨忒尔寻找女儿的过程中，她异常悲伤，但一位住在厄琉息斯（Eleusis）的名叫包玻的女人却让她转悲为喜。德墨忒尔来到厄琉息斯的一户人家，受到男主人德索尔斯（Dysanles）和女主人包玻的盛情款待，但她依然闷闷不乐不思饮食，这时包玻突然掀起自己的连衣裙，暴露出下体，德墨忒尔大笑起来并喝了一杯葡萄酒。男性被禁止参加冬播时期的地母节（Thesmophorien），幼猪在节日中扮演着非常重要的角色，它所象征的是德墨忒尔的女儿。"经过挑选的女性从名为迈加拉（Megara）的地下洞穴中取出幼猪的残骸，它们在三个月之前被活活扔进了洞穴。幼猪腐烂的残骸与其他祭品混合，一同在德墨忒尔和珀尔塞福涅作为女主人的地母节上被献上祭坛，这些残留后来和种子混在一起，播撒在地里以促进谷物丰产。"[1]幼猪的祭献还可以引出另一段神话：一群猪在劫掠珀尔塞福涅时跌入了地缝。"此处珀尔塞福涅与猪之间的象征不需要更深入的解释了，"[2]这与克里特岛对猪肉的禁忌风俗一样，"因为人们对猪充满感谢，正是一头猪的尖叫掩没了宙斯的哭泣，从而将他从父亲克洛诺斯的虎口救了出来。"[3]众所周知，克洛诺斯的每个孩子一出生就被他吃掉，只有宙斯一人躲过一劫，因为母亲瑞亚用布裹住一块石头谎称这是新生的婴儿。

其他的神话版本中，德墨忒尔在寻找女儿途中只发现了

1　霍斯特·库尔尼茨基（Horst Kurnitzky）：《货币的推动结构：对女性理论的贡献》，德文版（*Triebstruktur des Geldes. Ein Beitrag zur Theorie der Weiblichkeit*, Berlin 1974），第 123 页。

2　同上引。

3　弗雷德里克·E. 泽纳（Frederick E. Zeuner）：《家畜史》，德文版（*Geschichte der Haustiere*, München / Basel / Wien 1967），第 227 页。

猪的脚印，有时德墨忒尔和珀尔塞福涅也会化身为猪的形象。猪体现了生育和多产的希望，包玻突然掀起连衣裙暴露自己下体，也有着相同的象征意义，法国画家居斯塔夫·库尔贝（Gustave Courbet，1819—1877）于1866年绘制的名画《世界的起源》（*L'Origine du monde*）再现了这个情节，其他绘画作品中也经常出现包玻骑在一头猪身上的形象。歌德在《浮士德》中也刻画过包玻的形象："包玻老母独自行，跨骑母猪来光临。光荣归于有名人！包玻老母带头行！老母骑在肥猪背，后面跟着魔女群。"霍斯特·库尔尼茨基认为，意大利南部地区的一个包玻许愿的形象是猪象征着储蓄、金钱和女性的原始来源。包玻下体的形状看起来就同如存钱罐的进币口：¹对生育和多产的承诺与免受饥饿和死亡的保护紧密相连。

1　霍斯特·库尔尼茨基：《货币的推动结构：对女性理论的贡献》，德文版，第124页。也可参见乔治·德韦罗（Georges Devereux）：《包玻：神话的外阴》，德文版（*Baubo. Die mythische Vulva*, Frankfurt am Main 1985），第75页。

象征工业进步的蒸汽机车使野猪陷入恐慌的主题：
它们不仅在逃离光束和蒸汽烟雾，也在逃离地狱般的噪声

法国画家约瑟夫−埃米尔·格里德（Joseph Emile Gridel，1839—1901）创作的版画

圣安东尼的猪

在基督教福音中很少有提及猪的地方，因为猪是完全被否定的，这与《利未记》中的饮食禁忌完全相符。"不要把圣物给狗，也不要把你们的珍珠丢在猪前，恐怕它践踏了珍珠，转过来咬你们。"（《马太福音》第7章，6）更重要的是福音书中记录的发生于格拉森（Gerasa）的驱鬼故事："他们来到海那边，格拉森人的地方。耶稣一下船，就有一个被污鬼附着的人，从坟茔里出来迎着他。那人常住在坟茔里，没有人能捆住他，就是用铁链也不能。因为人屡次用脚镣和铁链捆锁他，铁链竟被他挣断了，脚镣也被他弄碎了。总没有人能制伏他。他昼夜常在坟茔里和山中喊叫，又用石头砍自己。他远远地看见耶稣，就跑过去拜他。大声呼叫说，至高神的儿子耶稣，我与你有什么相干。我指着神恳求你，不要叫我受苦。是因耶稣曾吩咐他说，污鬼啊，从这人身上出来吧。耶稣问他说，你名叫什么。回答说，我名叫群，因为我们多的缘故。就再三地求耶稣，不要叫他们离开那地方。在那里山坡上，有一大群猪吃食。鬼就央求耶稣说，求你打发我们往猪群里附着猪去。耶稣准了他们。污鬼就出来，进入猪里去。于是那群猪闯下山崖，投在海里，淹死了。猪的数目，约有二千。放猪的就逃跑了，去告诉城里和乡下的人。众人就来要看是什么事。他们来到耶稣那里，看见那被鬼附着的人，就是从前被群鬼所附的，坐着，穿上衣服，心里明白过来。他们就害怕。看见这事的，便将鬼附之人所遇见的，和那群猪的事，都告诉了众人。众人就央求耶稣离开他们的境界。"（《马可福音》第5章，1—17）这个故事值得细讲，因为它有许多奇怪的特点。恶魔附身与挖掘坟墓完全一致，使我们能够联想到约旦首都安曼以南250千米处著名的佩特拉（Petra）大墓地，事实上格拉森位于约旦首都安曼以北（福音书中加利利海边的地址是错误的）。被困在坟墓的污鬼可能并非魔鬼，而仅仅是亡灵。因此，罗马人也许得到了死神的幼体（larvae）。一位被附身者说自己是满天星斗（larvarum plenus），或者人们也可以直接称呼他为假面（larvatus）。[1]人们直接用石头砸死附身者了吗？他是否会试图对自己执行摩

---

[1] 弗洛里安·兰格（Florian Langegger）：《医生、死亡和魔鬼：一个理性世界中的精神错乱和精神病学》，德文版（*Doktor, Tod und Teufel. Vom Wahnsinn und von der Psychiatrie in einer vernünftigen Welt*, Frankfurt am Main 1983），第126页。

西的诫命？《利未记》写道："无论男女，是交鬼的或行巫术的，总要治死他们。人必用石头把他们打死，罪要归到他们身上。"（《利未记》第20章，27）这也可以解释为，恶魔的代言人被上帝召唤，他的灵魂绝不愿意让自己与坟墓分离而被放逐。同样与此相关的还有他的名字：军团（"群"的原文是指罗马的一个军团。——译者）。对此，谁不会立即联想到罗马帝国骁勇的占领力量？这也赋予了恶魔附身一种社会历史意义，包括 —— 在这一层面随之而来的 —— 对耶稣的放逐，因为耶稣的活动扰乱了罗马占领者的统治。不要忘记还有猪：它们代表一个不纯的系统，其中包括死人。据说猪以腐肉为食，甚至也会吃人的尸体，所以很明显的，死者的不洁灵魂会进入污秽的动物体内，让它们落入水中淹死。

故事还没有结束，它的结局出现了令人意外的大反转。公元270年，埃及中部村庄科梅（Kome）年少的农民之子安东尼（Antonius）在父母去世后不久，离开家园搬进了荒漠中。他在教堂中听见一段《马太福音》中的话："耶稣说，你若愿意做完全人，可去变卖你所有的，分给穷人，就必有财宝在天上，你还要来跟从我。"（《马太福音》第19章，21）因此，安东尼放弃所有财产，住进一座墓穴，开始严格的禁欲隐修生活，并与恶魔搏斗。之后他又搬进一个荒废多年的军用城堡中，追求祈祷和独修的生活直至356年逝世。他的追随者、埃及亚历山大城的主教圣亚他那修（Athanasius）于360年将他的故事写入《圣安东尼传》一书。373年，由伊瓦格里厄斯（Euagrios）从《圣安东尼传》译成拉丁语版本的《圣安东尼的生活》（Vita Antonii）是早期基督教时期流传最为广泛的一本书，圣安东尼也成为画家最喜爱和最常使用的绘画主题。圣安东尼将单独隐修的追随者联结成一个松散的同盟，是第一个早期修道院的建立者。1095年左右，以他名字命名的兄弟会在法国南部地区成立，并很快得到教皇乌尔班二世（Urban Ⅱ）的承认。圣安东尼修道院致力于救治病患，特别是那些感染"圣安东尼之火"的病人，这种严重的传染病是通过麦角传播的。圣安东尼修道院拥有一项特权，他们可以让佩戴铃铛的"圣安东尼猪"群在医院周围四处奔跑。圣安东尼的圣徒象征是猪，作为猪的守护圣徒的他经常与猪、圣安东尼十字架（T形十字架）和铃铛一起出现于绘画作品之中。

对猪的重估：与格拉森的驱鬼故事相比，结局发生了不可避免的逆转 —— 圣安东尼自愿住进坟墓，成功地与恶魔进行斗争，也不再需要将恶灵驱赶至猪群身上，最后还收

树屋前的圣安东尼，身边卧着一头猪，魔鬼在他眼前狂舞。文艺复兴时期荷兰画家耶罗尼米斯·博斯（Hieronymus Bosch，1450—1516）的画作（1500—1525）

养了这些"不洁"的动物。叙事的修订还可以非常简单地通过其他细节补充；非常有趣的是由麦角引发的疾病"圣安东尼之火"与圣安东尼的关系。美国学者罗伯特·高登·瓦森（Robert Gordon Wasson）、瑞士化学家艾伯特·霍夫曼（Albert Hofmann）以及美国学者卡尔·卢克（Carl A. P. Ruck）结合民族植物学和语言学的研究认为，含有毒素的麦角水被用于神秘邪教的祭祀，也会用来敬献德墨忒尔及其女儿；[1]霍夫曼在研究麦角时，合成出了致幻剂麦角酸二乙基酰胺（LSD）。当然，对猪的更为积极的评价可能是基于奥古斯丁（Aurelius Augustinus）解读《约翰福音》中的一段话："我们知道，受谴责的不应是上帝的造物，而应是那些顽固的不服从与无止境的欲望。因此，第一个人类并不是死于猪，而是一个苹果。以扫（Esau）失去长子的身份并不是由于一只母鸡，而是由于一碗红豆汤。"[2]

---

1 参见罗伯特·高登·瓦森、艾伯特·霍夫曼、卡尔·卢克：《通往厄琉息斯之路：神秘的秘密》，德文版（ *Der Weg nach Eleusis. Das Geheimnis der Mysterien*, Frankfurt am Main 1984 ）。

2 奥勒留·奥古斯丁：《关于圣约翰福音的报告》，德文版（ *Vorträge über das Evangelium des hl. Johannes*.III. Band, Kempten / München 1914 ），第 87 页【73, 1】。

　　猪的守护圣徒圣安东尼 —— 在德国南部地区被称为"Facken-Toni"、在明斯特地区被称为"Swinetünnes" —— 与其他一些保护猪的圣徒〔如圣布莱修斯（Blasius）、雷翁哈德（Leonhard）或温德林（Wendelin）〕一起，阻止世人继续将猪作为罪恶和魔鬼的象征进行诋毁。在宗教革命中，路德和教皇以猪的形象交替出现在传单上，后来的统治者如拿破仑三世（Napoleon Ⅲ）或威廉二世（Wilhelm Ⅱ）也经常在漫画形象中被讽刺为猪。最为臭名昭著的猪的主题是"犹太猪"，自中世纪全盛时期起出现于铅笔画、雕塑与其他画作中，后来还成为纳粹反犹太运动的刻板原型。人们在13世纪起流传于德国地区的大多数作品中都能看到，戴着象征犹太人的尖帽子的人们靠在母猪的乳头上喝酒，其他人则聚集在身后嬉闹、小便。猪与罗马母狼之间的联系是显而易见的，尤其是《但以理书》（第7章，1—8）中描述的第四种异兽野猪[1]，后世通常认为它象征着罗马帝国，在这种联系的基础上，中世纪基督教对猪的厌恶进一步强化：在12世纪，罗马皇帝和亚瑟王

1　根据《但以理书》原文内容及相关资料，此处提及的第四种异兽并非野猪，可能系原作者笔误。——译者注

都曾以猪的形象出现在基督教年鉴中。[1]然而，即使如普鲁塔克认为的，将罗马母狼与一位牧猪女联系在一起，即使格拉森的恶魔承认"群"的名字，也必须将公野猪与某些恶心的称呼区分开来。因此，对所谓的犹太誓言的法律实践的记忆也就不那么明显了："如果犹太人需要在法院庭审时与基督徒宣誓，必须遵循一定的仪式。宣誓时，犹太人必须赤脚站在一块母猪皮上。13世纪一部重要的法典《萨克森明镜》甚至包含了对该礼仪程序更为细致的说明。它规定，这块皮必须来自一头于14天之前宰杀的母猪，经由背部切开剥皮，同时犹太人必须站在猪的乳房位置上。"[2]这个仪式与猪本身一样具有双重含义：一方面猪皮象征的是基督教，另一方面猪皮又是在讽刺犹太教对猪肉的禁忌。15世纪末西班牙对犹太人展开驱逐，一批被迫皈依基督教而暗地里仍在信仰犹太教的西班牙犹太人被称为马兰人（Marranen），在西班牙语和葡萄牙语中

1　威尔弗里德·舒文克（Wilfried Schouwink）：《葡萄园里的野猪：中世纪文学艺术中的猪》，德文版（ *Der wilde Eber in Gottes Weinberg. Zur Darstellung des Schweins in Literatur und Kunst des Mittelalters*, Sigmaringen 1985），第37页。

2　同上引，第76页及下文。也可参见以赛亚·沙迦（Isaiah Shachar）：《犹太猪：中世纪反犹主题及其历史》，英文版（ *The Judensau. A Medieval Anti-Jewish Motif and its History*, London 1974）。

"marrano"（或"marrão"）意为 —— 猪。

在中世纪和近代早期，不仅是异教徒、犹太人或女巫会被法庭审判，动物也会面临审判。并不意外，猪就是经常被审判的动物。在全世界范围内的法庭审判中，出现次数最多的猪的罪名是啃咬或吃孩子，这种情况最早发生于1266年至1268年的法国。通常来说，被起诉的动物会被判处绞刑，也有一些被判活埋。例如在1386年，一头母猪因为袭击小孩的面部造成孩子死亡被起诉。法庭判决母猪犯有谋杀罪，随后将其关在一间小屋内。行刑时，母猪穿着一件大衣和白色衬衫，它被施以极刑，像受害小孩所经历的那样被肢解。"法庭记录中使用的 —— 大多只是审判用语 —— 完全是那些针对人类罪犯的用语，例如：'本案事实清楚，证据确实充分，对这头猪的指控适用法律正确，量刑恰当，在司法公平的基础上明确裁决，执行绞刑。'……动物被经由各种形式告发起诉，在正式宣誓证词之后经过法庭做出书面判决，并于最后执行判决。"[1]从今天的眼光来看，这些动物审

1　皮特·丁策巴赫（Peter Dinzelbacher）:《陌生的中世纪：上帝的判决和动物进程》，德文版（ *Das fremde Mittelalter. Gottesurteil und Tierprozess*, Essen 2006），第113页。

判极其可笑。然而我们不应忘记，1913年9月11日大象玛丽在美国田纳西州被判处绞刑，因为它在一次游行中失控踩死了虐待自己的驯兽师；在给大象实施绞刑时还必须使用起重机。动物审判也体现了集体观念的一种变化，正如皮特·丁策巴赫所强调的那样："动物与人一样出庭，接受法律审判，猪与人类之间的界限不再那么明显了。"[1]

---

1 皮特·丁策巴赫：《陌生的中世纪：上帝的判决和动物进程》，德文版，第 139 页。

太平洋的间奏曲

场景转换：如果我们从近东出发，去往太平洋、中国或东亚其他地方旅行，不只会遇见其他种类的猪，也会发现这里的猪获得了更多尊重，人们在努力减少与这些动物相处时的矛盾。尽管猪也会在中国或其他一些海岛作为"唯一可代替人牲"[1]的祭奠牺牲，然而它们并不会被视作不洁之物，而是作为幸运、丰产与财富的象征。众所周知，古巴比伦十二宫动物月历中没有猪的身影；而中国最近一次庆祝猪年是在2007年。猪在远东被看作非常诚实的动物；生肖属猪的人的特点是宽容、诚信、高尚、豪爽。美国博物学家莱尔·华特森（Lyall Watson，1939—2008）在2004年出版的《滚滚猪公：猪头猪脑的世界》（*The Whole Hog*）中写道："近东地区对猪的禁忌与太平洋沿岸世界对猪的尊重之间发生了强烈的抵触，猪在太平洋地区已成为政治与社会力量的象征。任何

---

1 汉斯－迪特尔·丹嫩贝格：《拥有幸福：猪的历史与轶事》，德文版，第104页。

中国北方野猪

在这里拒绝食用猪肉的人都会被认为是没有人性的。"[1]

当第一批欧洲航海者于16世纪初踏上新几内亚岛时，猪已在那里生活了几千年了。我们无法确定猪是如何登上新几内亚岛的，或许是与人类移民一起上岛，或许是它们自行从东南亚地区游泳抵达的 —— 毕竟猪是非常优秀、充满激情的游泳健将。它们自由奔跑，白天一直在森林中放养，夜晚自主返回猪圈。人类宰杀它们，以供大型节日和祭祀活动

---

[1] 莱尔·华特森：《滚滚猪公：猪头猪脑的世界》，英文版（*The Whole Hog. Exploring the Extraordinary Potential of Pigs*, London 2004），第 4 页。

所需。更进一步来说，猪从最初开始就并没有被视作家畜和肉类的来源，而是以它们高度的社交性而存在的。华特森评价"猪是极其社会性的动物"，"它们生活在人类家庭中，乐于维护与人类建立的紧密关系以及有趣的生活方式，我们原本只能想到灵长类动物与人类会产生如此密切的关系，而不是猪这样的偶蹄类动物。猪在任何时候都能保持高度的警觉。即便是在看不见对方的茂密森林中，猪也能够通过如交响乐般美妙的声音联络彼此、相互回应，这非常有助于维持猪的团体关系"。[1]太平洋群岛上的猪可以毫无拘束地在猎人家或采摘者家中定居，参与他们的生活：出生后，每头小猪崽都会得到自己的名字，妇女像抱着小婴儿一般地抱紧小猪，让它们吮吸乳汁。

1975年，奥地利人类行为学创始人爱任纽·艾博-艾伯斯菲尔德（Irenäus Eibl-Eibesfeldt，1928— ）和德国医学人类学家伍尔夫·希弗诺弗尔（Wulf Schiefenhövel，1943— ）在太平洋西南部新几内亚岛的西部高地艾波（Eipo）进行实地考察时，将猪的日常活动以影片形式记录了下来。我们可以看

1　莱尔·华特森：《滚滚猪公：猪头猪脑的世界》，英文版，第13页。

到，孩子们、妇女和男人们用皮带牵着猪、抱着猪或者用网兜拖着猪玩耍。夜晚，人们和猪在同一间屋内睡觉，猪一直陪伴于左右，气氛温馨恬静。据希弗诺弗尔所写："艾波民族的男孩很早便会学习如何成为一个真正的男人：射箭，制造陷阱，快速有力的奔跑，计谋和策略，小组游击战和对疼痛的忍耐。成年之后，他们最喜欢从背后抓住敌人，'因为这样敌人便无法反抗'，同时他们还喜欢'在敌人干农活的时候发动突袭'。被杀害的敌人有时也会被艾波人'完全毁灭'地吃掉。"[1]

新几内亚小岛上的好战民族竟然能够与猪保持温和亲密的关系。比这种情况更令人惊讶的是几年前记录日本养猪人生活的一系列照片：显然，即便是在几乎完全工业化的养猪条件下，人类依然能够与这种动物保持友好亲密的关系。照片中有位70多岁的老人名叫上村宏（Hiroshi Kamimura），

---

1 《不受限的进攻乐趣》（*Ungehemmte Angriffslust*），载《明镜》周刊 1997 年 2 月 10 日（*Der Spiegel*, Nr. 7 vom 10. Februrar 1997），第 198 页及下文，该处见第 198 页。参见伍尔夫·希弗诺弗尔（Wulf Schiefenhövel）：《以新几内亚岛西部高地艾波为例的攻击和攻击控制》（*Aggression und Aggressionskontrolle am Beispiel der Eipo aus dem Hochland von West-Neuguinea*），载海因里希·冯·斯蒂特特科恩、约尔格·鲁克编 [Heinrich von Stietencorn, Jörg Rüpke（Hrsg.）]：《战争中的杀戮》，德文版（*Töten im Krieg*, Freiburg im Breisgau / München 1995），第 339—362 页。

他在日本西南的香川县独自饲养了1200头猪。摄影师山地
（Toshiteru Yamaji）原本是受命于当地政府前来劝说上村宏
搬离老房子的官员，在他的劝说下上村宏与妻子和猪一起搬
去了乡下生活。然而他们却与山地友好地相处，在接下来的
十年间诞生了许多珍贵的照片。2010年山地出版了摄影集
《猪们和爸爸》（*Pigs and Papa*）。我们在照片中可以看到，这
位日本农民为猪读报，坐在它们身边喝酒休息，弹吉他给它
们听。一些照片上的猪看起来仿佛在微笑。

转变：猪的情色化

在埃利亚斯·卡内蒂（Elias Canetti，1905—1994）重要的文化理论著作《群众与权力》（*Masse und Macht*）中，作为人类基本能力的"转变"一词几乎贯穿始终。人类是具备转变能力的生物，他们能够进行自我转变，并有目的地变得与他人相同。卡内蒂特别强调了人类向动物的转变：他评论了史前猎人与猎物融合这种转变能力。丛林中的人们能够通过跳羚的"一切可能的活动与特性"来预感跳羚的到来。"'我们脚上有感觉，我们感觉到它们的脚在灌木丛中沙沙作响。'脚上的这种感觉便意味着跳羚来了。并非是人们听见它们发出沙沙声，因为它们还离得太远。但是人们自己的脚却发出沙沙声，因为跳羚的脚在远处沙沙作响。"[1]与此类狩猎转变相对的"逃跑转变"经常出现在世界闻名的童话故事中：为了从敌人手里逃跑而转变，就在猎物要被逮住的一瞬间，它变成另外一种东西逃脱了，例如转变成一只鸟或一只老鼠。

---

1 埃利亚斯·卡内蒂：《群众与权力》，德文版（*Masse und Macht*. Werke Band III, München / Wien 1993），第399页。

卡内蒂列举了大量关于转变的不同形式：猎物与猛兽、自我繁衍与自我消耗、歇斯底里、狂躁症与抑郁症、图腾的双重形态、模仿与面具，以及奴隶制度。爱情与爱慕、悲伤与痛苦、着迷与渴望，这些转变对卡内蒂来说极为陌生。卡内蒂是卡夫卡的热心读者，卡夫卡不也曾经描绘过一幅阴暗的转变图景吗？小说《变形记》(*Die Verwandlung*)完成于1912年年末，其主要内容众所周知：主人公格里高尔·萨姆沙在父亲破产后拼命工作，一天早晨醒来，他突然发现自己变成了一只大甲虫。父亲和妹妹逐渐厌弃他、憎恶他。为了利于甲虫爬行，萨姆沙房间的家具被搬走，最终他的房间变成了杂货间。萨姆沙最后孤独痛苦地在饥饿中默默地死去，没有人愿意再将他视作之前的儿子、哥哥或推销员了。

卡内蒂很少谈论猪，也未曾论及人变形为猪，但他在《群众与权力》中对刚果卡塞河附近的里里族进行了讨论，提及了里里族的一种特别的动物：水猪。"水猪被看作是最具有神力的动物，它们总是在河流源头活动，而那里是精灵们最常出没的地方。水猪就像是精灵的狗，它同精灵住在一起，并且像狗服从猎人一样服从精灵。如果水猪不听精灵的话，精灵就会让它受到惩罚：它会让水猪在狩猎中被人杀死，并同时以这头水猪作为给这个人的报酬。"[1] "水猪是精灵的狗"这句话值得一提，它解释了猪为什么经常选择在水陆之间、森林与定居点之间、野蛮与文明之间的交界处居住，以及在英语中猪为什么是女巫首选的、亲密的相伴动物。格拉森的幽灵和恶魔也与猪同在。女巫和魔女们骑着扫把或猪赶去布罗肯山（Brocken）山顶参加瓦尔普吉斯之夜（Walpurgisnacht），这在歌德的《浮士德》中也有所提及。女巫并没有化身成猪：1486年，呼吁迫害女巫的书籍《女巫之锤》（Hexenhammer）出版，经多次翻印流传极其广泛，书中讨论了猫、狼、乌鸦、蛇这些与女巫相关的动物，但猪并未在列。

与男性狼人、熊人或其他猛兽混合体的战斗形象恰恰相反，猪人的传说极为稀少。历史也在按照这个趋势发展：比施瓦本山地的狮人引发更多猜测的是一座现存于柏林埃及博物馆的、已有约五千年历史的古埃及猪女神雕塑。德墨忒尔和包玻的神话，古罗马诗人奥维德（Ovid，公元前43年—公元前17年）的《变形记》（Metamorphosen）中的

1　埃利亚斯·卡内蒂：《群众与权力》，德文版，第 153 页、第 399 页。

荷马《奥德赛》中的魔女基尔克被一群由希腊英雄变身而成的猪如痴如醉地崇拜着。爱尔兰画家布里顿·里维尔（Briton Rivière，1840—1920）绘制

故事，以及《奥德赛》第十卷中奥德修斯与性感魔女基尔克（Kirke）相遇的故事都持续吸引着读者。魔女基尔克是太阳神赫利乌斯（Helios）的女儿、古希腊克里特岛国王米诺斯（Minos）的妻子帕西法厄（Pasiphaë）（帕西法厄爱上了一头白牛并生下一个牛头人身的怪物米诺陶斯）的姐妹。基尔克用魔杖将奥德修斯的同伴变成猪，最后奥德修斯在赫尔墨斯（Hermes）的帮助下借助神奇的草药战胜了魔女，使同伴重新恢复人形。在《荷马史诗》的一千年后，普鲁塔克改编了这段故事。在他的版本中，基尔克允许奥德修斯询问自己已变成猪的同伴是否愿意恢复人形。然而，奥德修斯却被嘲笑说："像孩子害怕吃药一样……你也在抵制你的转变，面对基尔克你总是害怕和焦虑，她想把你变成一头猪或狼，你还要说服我们放弃现在美好的生活，离开这一切的创造者基尔克，我们重新变成人之后又得继续费劲地活着了。"[1]

奥德修斯自己没有因为女主人的性爱快乐而死吗？基

---

[1] 普鲁塔克：《不理智的动物拥有理智的证明》（*Gryllus, oder Beweis, daß die unvernünftigen Thiere Vernunft haben*），载《道德论集》第 2 卷，德文版（*Moralia. Band 2, Wiesbaden 2012*），第 643—653 页，该处见第 644 页。

尔克是一位鹰女神还是一位猪女神呢？这个历史之谜成为法国女作家玛丽·达利耶塞克（Marie Darrieussecq）构思处女作《母猪女郎》的灵感来源，该书成为1996年的第一畅销书，并入围龚古尔奖（Prix Goncourt）最终名单，著名导演让-吕克·戈达尔（Jean-Luc Godard）获得了电影拍摄版权。《母猪女郎》法文书名为《尽人皆知》（*Truismes*），用第一人称讲述了一个漂亮姑娘变成母猪的故事，充满荒诞与反讽，德语译名《污秽脏乱》（*Schweinerei*）便缺少了原书名那种微妙的双关语意味。"truisme"是老生常谈、套话、众所周知的意思，"truie"代表母猪。《母猪女郎》讲述了一个在化妆品沙龙工作的妙龄女子，经常使用那些新上市的面霜、香水和药膏之后，逐渐变成了一头猪。故事发生的地点包括进行堕胎的妇科诊所、变异为屠宰场的舞厅、城市公寓、农庄、牲畜圈厩，以及森林。同时，女主角的胃口也发生了转变："我总是很饿；我什么东西都想吃，果皮、熟透的水果、橡树果和蚯蚓。现在我无法消化的东西，是火腿、沙拉酱，以及香肠和意大利萨拉米香肠。"[1]故事结尾，母猪女郎与狼人

---

1 玛丽·达利耶塞克：《母猪女郎》，德文版（*Schweinerei*, Frankfurt am Main 1998），第48页。

伊万展开了一段爱情:"伊万是银灰色的,具有阳刚之气的长嘴坚硬且漂亮,长爪布满了毛,胸很宽,皮毛如丝绸般柔滑。伊万是美的象征。"[1] 每到疯狂的月圆之夜,他们都会订购比萨外卖,她蘸着番茄酱吃比萨,伊万则吃送货员。

转变逐渐深化了,她步入了一种新生活:"在大树粗壮的树根之间,大地裂开了,好像树根深入其中时,从里面翻起了泥土,我把鼻子拱进土里。秋天已逝,枯叶闻起来很香,所有易碎的小块泥土都散发出青苔、橡栗、蘑菇的香味。我搜寻着,挖着,闻着,好像觉得整个地球都进入了我的身躯,在我身上产生了四季,飞起野鹅,刮起南风,长出了香花莲和水果。腐殖土一层一层,四季都留有痕迹,越来越清晰地追溯着往事。"[2] 随着女主角变成一头猪,她发生了内在的颠覆性的变化,并追求性解放。在1900年出版的论文《诗意、分裂及伦理历史关系中的猪》(*Das Schwein in poetischer, mitologischer und sittengeschichtlicher Beziehung*)中,德国先锋剧作家奥斯卡·帕尼扎(Oskar Panizza,1853—1921)也曾论述过相同问题。奥地利画家君特·布鲁斯

1　玛丽·达利耶塞克:《母猪女郎》,德文版,第121页。
2　同上引,第141页。

（Günter Brus）为该文章1994年的新版本绘制了一些插图。卷首画（原作为水彩画）的绘制者是比利时漫画家和插图画家费利西安·罗普斯（Félicien Rops，1833—1898）。这幅名为《娼妇政治家》的版画的情色主题经常被利用或改编，甚至也可以用来尝试分析圣安东尼与猪的故事。

直至1968年，猪多层次和复杂的性解放含义才得以真正明确。一本讨论性与政治、以20世纪70年代大学生运动为背景的小说于1976年在罗马问世，至今依然极具阅读价值：意大利儿童精神科医生马尔科·隆巴多·拉迪切（Marco Lombardo Radice，1948—1989）与意大利作家莉迪娅·拉韦拉（Lidia Ravera，1951— ）联袂创作的《翼猪》（*Schweine mit Flügeln*），从安东尼娅（Antonia）与罗科（Rocco）这样一对虚构情侣的书信和日记切入，描述了两个叛逆的年轻人之间出现的感情危机，描写他们转向对其他同学进行性爱探索来实现自我满足，做出伤风败俗的卑鄙行为，不遵循所谓正确的政治导向以重建男女之间的权力关系。大卫·库珀（David Cooper）的《家庭之死》中的一段引文可作为对该书的注解："人当然是猪。人类的机构组织对猪而言当然也是猪圈、养猪农场和屠宰场。如果猪长了翅膀，就像英语谚语中所说的那样，那么一切皆有可能。但是，猪也有可能长着一副秘密的、隐形的翅膀，或许是人类自己不想看到猪的翅膀，因为我们害怕一切变得皆有可能。若果真如此，我们就是长着一双隐形、羸弱的翅膀的猪。"[1]

转化的希望依然可信。这里提及几部最近的电影作品。在安德鲁·尼库尔（Andrew Niccol）2002年执导、艾尔·帕西诺（Al Pacino）与瑞切尔·罗伯茨（Rachel Roberts）担纲主演的电影《虚拟偶像》（*S1M0NE*）中，3D（三维）虚拟制作的"无可挑剔的女人"在幻象中变成了一头猪。而在尤里西·塞德尔（Ulrich Seidl）1998年导演的电影《模特们》（*Models*）中，女主角在床边的壁龛上摆放着几个猪的装饰物。很难说在这个场景中究竟是讽刺公众认知中的"猪"的贪婪欲望，还是隐喻模特们已经准备好在走秀时摘下在中世纪代表对叛逆女性嘲讽的猪形铁面具，为自己重新戴上数字化的面具。

1　大卫·库珀：《家庭之死》，德文版（*Der Tod der Familie*, Reinbek 1972），第64页。

受过教育的猪与图画中的猪

　　猪的视力不好，但它们的嗅觉和听力非常灵敏。尽管松露猎人大多会利用狗、山羊甚至苍蝇来帮助寻找松露，但日常口语中始终流行一个词："松露猪（Trüffelschweine）"；及时地阻拦猪将刚拱出来的松露疯狂吃掉，并非一件易事。因此，意大利已经不再允许松露猪的工作。猪灵敏的嗅觉也可用于侦查尸体、毒品或危险品；这一领域的明星是1984年7月5日出生于德国下萨克森州索托姆家庭公园（Familienpark Sottrum）的野猪露易丝。"它在仅仅三个月大时便在希尔德斯海姆（Hildesheim）缉毒犬警队接受成为缉毒猪的培训。事实上，露易丝受训之后也的确能够独立侦查少量的毒品或危险品，在业务能力方面丝毫不逊色于它那些会吠的犬同事。"[1]通过媒体的报道，露易丝变得家喻户晓，它与著名电视人阿尔弗雷德·比欧雷克（Alfred Biolek）、

---

[1]　哈拉尔德·格布哈特、马里奥·路德维希（Harald Gebhardt, Mario Ludwig）：《世界最著名的动物》，德文版（*Die berühmtesten Tiere der Welt*, München 2008），第107页。

佛兰德斯画家小大卫·特尼尔斯（David Teniers the Younger，1610—1690）画中的田园风情：猪倌与猪的一家

君特·姚赫（Günter Jauch）以及乌多·尤尔根斯（Udo Jürgens）等搭档，参与录制约70场电视节目；还与德国女演员英格·梅塞尔（Inge Meysel）共同出演了电视剧《犯罪现场》（Tatort）。下萨克森州的警察们对这位新的"女同事"却不是特别满意，因为他们经常也会将自己与猪做比较。尽管如此，时任下萨克森州州长的恩斯特·阿尔布莱希特（Ernst Albrecht）还是任命野猪露易丝成为政府"公务员"。它于1998年4月18日离世。

　　猪不仅拥有一只好鼻子，还拥有灵敏的听觉。与之前提及的一样，猪自己便能够发出各种不同的声音，它们甚至还能在许多不同的声音中辨别出猪倌的声音，正如罗马作家克劳狄俄斯·伊利安（Claudius Aelianus，175—235）在《论动物本质》（De Natura Animalium）中所讲述的："猪认识自己猪倌的声音，听从主人的召唤，即便迷路之后也能如此。论证更进一步。一群邪恶的人乘坐海盗船抵达第勒尼安（Tyrrhenian）海岸，他们上岸后遇见一位养猪人，在猪圈中养了许多猪。海盗将猪掠走，把它们扔上船离开了。海盗在身边时，养猪人一言不发，船刚开出不久，养猪人便用他那熟悉的召唤声呼喊猪群，猪听见主人声音后立即全部涌到船的一边，船倾覆了。海盗落入海中立即淹死，猪群则游回了主人身边。"[1]不仅猪能够认出主人的声音，猪倌也能够辨别自己所养的猪的声音。英国作家佩勒姆·G.伍德豪斯爵士（Sir Pelham Grenville Wodehouse，1881—1975）是如何观察这点的？"一位好猪倌可以在雷暴中听见自己的猪在10英

1　克劳狄俄斯·伊利安：《论动物本质》，德文版（Tiergeschichten. Werke IV, Stuttgart 1859），第737页【VIII, 19】。也可参见汉斯-迪特尔·丹嫩贝格：《拥有幸福：猪的历史与轶事》，德文版，第176页及下文。

里（约16千米）以外的咕噜声，即便有1000头猪同时发出声音，他也能够从中辨别出自己所养猪的独特的声音。"[1]

口语中常说，不通音律的人长着"猪耳朵"，这很明显是不对的。在中世纪的一些教堂和修道院的唱诗班席上，已经出现描绘演奏乐器的猪的木雕了，首选的乐器是风笛，也包括竖笛、长笛和小提琴。这类描绘大多含有双重意义：它们一方面使人联想到与杂耍者和吟游诗人一同漫游的传教士，另一方面使人联想到世俗音乐舞蹈活动的乐趣。匠人带着愉悦的心情，精心雕琢这些乐器猪，不得不让人怀疑，它们的作用只是提醒而已吗？"英格兰温彻斯特大教堂的唱诗班席雕刻了一头用小提琴演奏小夜曲的野猪音乐家，一对接吻猪，以及吹着双笛哺乳的母猪（它对奸淫恶习的暗示显而易见），这些场景是否能够激发当代神职人员的道德反思，应该值得怀疑。我们可以认为，音乐猪原本具有的道德内涵变得更为独立、有趣和怪诞。一些同类木雕中所体现的认真、细节、热爱与真挚表明，这些场景一定为当时雕刻它们的手工匠人们带去了不少乐趣。法国香浦（Champeaux）教

1　P. G. 伍德豪斯：《猪或非猪》，德文版（*Schwein oder Nichtschwein*, München 1983），第245页。

堂唱诗班席的母猪正尝试用风笛吸引独自在崎岖地形中迷路的孩子，曼彻斯特大教堂的母猪与小猪围绕空空的喂食槽跳着极为规整的圆圈舞。"[1] 真正现身于年度市场的、训练经验丰富的猪也可塑造猪的正面形象："猪是天生的艺术表演者。它们不是被迫表演，它们拥有深入的表现力和广泛的才能。研究猪的专家威廉·赫奇佩思（William Hedgepeth）说，所有猪都拥有优雅的抒情感以及对音乐的热爱。"[2]

最近，猪圈里的猪不仅仅只是听音乐，而且被音乐激活了。位于杜莫斯多夫（Dummerstorf）的德国莱布尼茨家畜生物学研究所针对猪的智力和音乐进行研究。研究者开发了一个系统，每头猪都被分配了各自独立的声音信号，以作为个体的"铃声"。针对某一头猪特别设计的自动声控喂食设备在不定时间播放声音，目标猪便会作为唯一一头与之对应的猪来到喂食器前，同时这头猪还必须用嘴按压喂食器数次，以获得最大食物量。2005年，科学家宣布这种对猪的注意力和学习能力的奖励可以强化动物的免疫系统，促进它们

1　威尔弗里德·舒文克：《葡萄园里的野猪：中世纪文学艺术中的猪》，德文版，第 100 页及下文。

2　莱尔·华特森：《滚滚猪公：猪头猪脑的世界》，英文版，第 230 页。

的身体健康。

　　猪是非常聪明的动物，它们的认知能力甚至可以与灵长类动物以及海豚相媲美。猪富于创造性，计谋多端，具有高度的空间方向感。博物学大师吉尔伯特·怀特（Gilbert White）对一头汉普郡（Hampshire）的母猪进行观察，莱尔·华特森在此引用了他的观察结果："如果它想寻找机会与一头公猪相遇，它会打破所有障碍门，独自走进远处的院子，那里是公猪活动的地方。当它的拜访目的实现之后，它又会按照原路返回自己的家。"[1]更令人惊奇的是华特·吉尔贝爵士（Sir Walter Gilbey，1831—1914）的报道，因为他证明了猪不仅具有空间感，还具备时间和因果观念。"绅士农民"吉尔贝曾见到"一头12个月大的聪明的母猪在果园奔跑，来到一棵小苹果树下开始晃动树干，这时它竖起耳朵仔细倾听是否有苹果掉落。吃掉苹果之后，它再次晃动树干，再次仔细倾听是否还有苹果掉落"。[2]猪充满好奇心，学习能力很强。当迷你猪作为网红宠物流行时，它们的饲养者完全低估了饲养这些动物所需要的时间和精力。迷你小猪

1　莱尔·华特森：《滚滚猪公：猪头猪脑的世界》，英文版，第231页。

2　同上引，第232页。

们一旦感到无聊，就会把房间拆得七零八碎，它们打开柜门和抽屉乱翻，清空置物架或损坏家具，如此一来当然存在很高的风险。"迷你猪无法与其他任何家畜相比！虽然它们像猫一样任性可爱，但它们不能忍受孤独。它们需要很多的爱抚和语言交流。它们比狗更为聪明，但是从不屈服于人类，对它们的教育要难得多。你对家养的狗喊一声，在大多数情况下它会立即来到你身边。迷你猪只是偶尔才会来。它们有多种性格特征，并总是保持个性与'人格'。"[1]猪非常贪玩；它们的娱乐性颇具感染力。"在它们身上能嗅出完全放松的气息，它们有意识地追求快乐，拒绝冷酷的常规。猪喜欢追求新鲜事物，并且愿意为了找到新鲜事物而长途跋涉。一些猪每隔一段时间就会绝望地渴求改变，以至于它们会经历一次传说中的疯狂的大爆发。"[2]

正是因为它们的聪慧、好奇心、创造力和学习热情，猪成为近代第一批受训的马戏团动物。法国瓦卢瓦王朝国王路易十一（Louis XI）在位期间（1461—1483）特别喜欢一

1　埃尔克·斯特沃斯基（Elke Striowsky）：《迷你猪：饲养、照料、教育》，德文版（*Minischweine. Haltung, Pflege, Erziehung*, Stuttgart 2006），第 31 页。

2　莱尔·华特森：《滚滚猪公：猪头猪脑的世界》，英文版，第 232 页。

头身穿演出服、伴着风笛音乐舞蹈的猪。来自苏格兰珀斯（Perth）的制鞋匠塞缪尔·比塞特（Samuel Bisset，1721—1783）总结了可身穿演出服表演的动物们：狗、马、猴子、家猫、多种鸟类（如麻雀）、兔子和火鸡。据说，他还有成功训练一只乌龟学会像狗一样用爪子拿木棍的壮举。一年之后，这只乌龟可以用被染黑的爪子在粉刷过的地板上写出任意的人名。比塞特也致力于训练猪成为马戏团动物：他在都柏林（Dublin）购买了一头黑色小猪，经过轻松的训练之后，1783年8月这头小猪的马戏首秀便得以举行。"它的表演包括做算术、指示时间、指示广告牌上的特定词 —— 它总是能够正确找出一位指定观众所想的词。"[1]此后不久发生了一场争斗事件：一位警察愤怒地打断了这位非基督徒的表演，用棍棒恐吓这位男演员，用死亡威胁这只经过训练的猪。比塞特对于这次袭击事件非常生气，以至于几周之后悲愤离世。另一位男演员购买了比塞特的小猪，继续完成巡演。1785年，他们来到伦敦，受到了广大群众和新闻媒体的

---

1 雷基·杰伊（Ricky Jay）：《聪明的猪和火的节日》，德文版（*Sauschlau & Feuerfest. Menschen, Tiere, Sensationen des Showbusiness. Steinfresser, Feuerkönige, Gedankenleser, Entfesselungskünstler und andere Teufelskerle*, Offenbach 1988），第23页。

热烈追捧。"我们从未见过如此奇妙的生物，最为苛刻的人也公开表示，最富语言天赋的舌头、最为巧妙的天才的笔都无法适当地描述这个聪慧动物的奇妙表演。"[1]

自此不久之后，大量"学习过的猪"（learned pigs）成为欧洲和北美马戏团的成员。18世纪末至19世纪初，威廉·弗雷德里克·平奇贝克（William Frederick Pinchbeck）与一头聪明的猪占据了新英格兰公众的心。1805年，弗雷德里克出版了一本名为《有知识的猪》（*The Pig of Knowledge*）的小册子讲述训练猪的方法，封面是一头从字母卡中成功拼写出"Boston"的猪。之后，书籍、海报和报纸纷纷宣传英国魔术师尼古拉斯·霍尔（Nicholas Hoare）和他的"托比聪明猪"（Toby the Sapient Pig），整个伦敦为托比而着迷。1817年，霍尔出版了托比聪明猪的自传《托比聪明猪的生活与冒险，它对人类及人类行为的看法》（*The Life and Adventures of Toby the Sapient Pig, with his Opinions on Men and Manners, written by himself*）。托比在其中讲述了自己聪明基因有可能的来源：它的妈妈曾经去过主人的图书馆，并以研究书目的态度认真仔

1　雷基·杰伊：《聪明的猪和火的节日》，德文版，第 24 页。

猪什么都会：阅读和拼写、打牌、心电感应、指示时间。
托比小猪演出的海报

细地观察书架玻璃后的每一本书。[1]封面是正在研读的托比：这头耳后放着羽毛笔的聪明猪究竟在读什么？——恰恰是普鲁塔克改编了的奥德修斯与魔女基尔克的故事，人类与猪变得如此友好！

日常用语中的"没有一头猪能够看懂"（Das kann ja kein Schwein lesen）[2]与托比或其他"学习过的猪"并没有什么关系，而是与马库斯·斯温（Marcus Swyn）相关。他的爷爷是16世纪初石勒苏益格–荷尔斯泰因（Schleswig-Holstein）迪特马申（Dithmarschen）农民共和国的重要领袖彼得·斯温（Peter Swyn，1480—1570）。农民共和国衰败之后，大量所有权文件必须进行重新认证，然而一些文件随着时间的冲刷变得破烂不堪，无法阅读，甚至连斯温的家族成员都无法破译。因此才有了这句话："Dat kann keen Swyn lesen!"（斯温家族的人也读不懂！）这个早在1329年便已有的家族姓氏也在时间的流逝中被逐渐遗忘，与猪恰恰相反；但是或许也

1　尼古拉斯·霍尔：《托比聪明猪的生活与冒险，它对人类及人类行为的看法》，英文版（ *The Life and Adventures of Toby the Sapient Pig , with his Opinions on Men and Manners, written by himself*, London 1817 ）。

2　原意是：字迹潦草，无人能读懂。——译注

正是从这个用法出发，才产生了之后常用来指代很难解读的手稿的"猪爪"（sauklaue）。

托比聪明猪也是用它的"猪爪"写作自传吗？受过教育的猪的故事受公众喜爱的程度令人难以置信，2007年7月，位于英国德文郡（Devon）巴克法斯特利（Buckfastleigh）的彭尼维尔农场（Pennywell Farm），以"新毕加索"为题对作为画家的猪进行了报道。如果说作为画家的猪尚未引人注目，那么作为模特的猪则更为常见：猪经常现身于艺术史中的画作中，如神话狩猎场景、讲述贪婪和欲望的寓言等，后期则多出现在农耕田园生活和静物、猪圈、一群猪或宰杀场景中，例如荷兰乡村风情画家伊萨克·范·奥斯塔德（Isaac van Ostade，1621—1649）的画。18世纪，动物画成为一个独立的专业领域。在此值得一提的是，法国宫廷画家让-巴蒂斯特·奥德瑞（Jean-Baptiste Oudry，1686—1755），他用画笔描绘的不仅包括狮子、豹子、狼或鬣狗这些异国情调的动物，还有一头豪猪、猫以及路易十五（Louis XV）的狩猎生活画面。另一位动物画大师是以画马闻名的英国画家乔治·斯塔布斯（George Stubbs，1724—1806），他创作了一系列以真实赛马为主题的绘画，其中的几匹赛马名为火尾、

法国画家查尔斯·埃米尔·雅克（Charles Emile Jacque，1813—1894）于1890年绘制的放牧猪群的田园风光

光泽和莫莉大长腿。英国画家乔治·莫兰（George Morland，1763—1804）和詹姆士·沃德（James Ward，1769—1859）以为主人绘制自家家畜（多为获奖动物）的肖像油画为生，绘画主题多为牛和猪。在一些地区的动物比赛中，人们会为获奖动物制作复制版的石膏模型，经过精心绘制，在底座标明比赛时间、地点、饲养员的名字、获奖动物的品种和姓名。自19世纪中期起，动物摄影逐渐代替了动物肖像画，油画也越来越多地作为背景出现在照片上。

二战结束之后，动物以完全激进的新姿态现身艺术领域，即活体动物直接参与艺术行为。美国波普艺术家罗伯特·劳森伯格（Robert Rauschenberg，1925—2008）1964年在斯德哥尔摩与一头奶牛合演二重唱；美国极简主义大师理查德·塞拉（Richard Serra，1939—　）1966年在罗马萨丽塔（La Salita）画廊的首次个人展"动物栖息地"中展出了活鸡和兔子；奥地利画家阿奴尔夫·莱纳（Arnulf Rainer，1929—　）自1979年开始与一只黑猩猩合作绘画；德国艺术家约瑟夫·博伊斯（Joseph Beuys，1921—1986）1974年在美国纽约进行了著名的行为艺术表演，与一只荒原狼小约翰相处一室，这只狼是特地从新泽西电影动物农场租借的。比利时艺术家卡斯特·奥莱（Carsten Höller）和罗斯玛丽·特洛克尔（Rosemarie Trockel）在1997年第十届卡塞尔当代艺术文献展上展出了《猪与人的房子》（*Ein Haus für Schweine und Menschen*），小屋的一半面对公众开放，另一半则住着两头本特梅尔霍夫母猪和它们的孩子。"对参观者来说，简约而带有一丝艺术气息的混凝土小屋是一个可以休息的地方，对猪来说则是一个适合生活的区域。一块单向透视玻璃镜将小屋一分为二，动物不会看见外部，避免了它们与观众之间的眼神碰撞。这座建筑是博物馆、剧院和电影院的综合体：

从上升的观众区域可以看见一幅画，也就是一个宽屏幕，后面隐藏着一个室内和室外空间的舞台。表演是现场的，然而和无声电影的效果一样，声音与气息无法穿越玻璃镜，完全依靠眼睛感知一切。"¹奥莱和特洛克尔在展览的目录中加入了一段序言，除了最后一段之外全部是由提问构成的。提问的范围还包括一些刺激性的问题，例如在讨论猪与人类的关系时经常出现的食人族问题："为什么当我们吃掉我们所知晓的任意一种动物的匿名样本之后，却并不会吃不知名的人呢？为什么很多人宁愿饿死，也不会吃人肉？"²猪与人类在很多方面极为相似。

　　比利时概念艺术家威姆·德沃伊（Wim Delvoye）也让活猪参与了他的"艺术农场"实验项目。他最初是在从美国屠宰场购买的猪皮上进行文身，1997年至2008年间他甚至

1　杰思敏·迈尔斯曼（Jasmin Mersmann）:《当图画学习奔跑时……：当代艺术中生动的猪》（ *Als die Bilder laufen lernten ... Lebende Schweine in der zeitgenössischen Kunst* ），载托马斯·马可编：《可怜的猪：一段文化史》，德文版（ *Arme Schweine. Eine Kulturgeschichte*, Berlin 2006 ），第110—114页，该处见第112页。

2　卡斯特·奥莱、罗斯玛丽·特洛克尔:《引言》（ *Einleitung* ），载卡斯特·奥莱、罗斯玛丽·特洛克尔:《猪与人的房子》，德文版（ Carsten Höller, Rosemarie Trockel: *Ein Haus für Schweine und Menschen*, Köln 1997 ），第7—12页，该处见第10页。

更进一步，开始在活猪身上文身。猪被镇静、刮毛、涂抹凡士林润肤。经过精心雕琢之后，这些猪被文上了大面积的主题文身：哥特亚文化、骑行亚文化（例如哈雷戴维森摩托车）、世界著名品牌标识（路易威登）或者工场艺术家自主设计的讽刺图案，例如被钉上十字架的米老鼠。这一系列名为"文身的猪"（Cochons tatouées）的作品在猪被宰杀之前都会一直保留。这些作品象征猪与金钱、品牌与商标、宗教与媚俗之间的关联。这些图像如此生动 —— 如同1968年路易·德·菲耐斯（Louis de Funès，1914—1983）的电影《名画追踪》（Le tatoué）中的身负莫迪利亚尼（Modigliani）真迹的让·加本（Jean Gabin，1904—1976）—— 它们也会与动物共同成长。这些文身的现实价值也在不断增长：德沃伊将一些文身猪以每头高达14万欧元的价格出售。收藏者可以选择是否愿意一直照顾自己的文身猪，等待它的自然死亡。猪死去之后，收藏者可得到它经过填充的猪皮。"猪皮会被应用于文身师的培训练习中，这不是核心问题。不要遗忘文身的另一个目的 —— 作为区分这些肥肥动物的识别标志。当德沃伊在这些猪皮或文身图案上签名时，又赋予了它们作为艺术品的原始版权的意味"[1]；他强调，这是一个成天吃喝拉撒的艺术品，并且把许多混乱引入一个死亡的世界。客体何时死亡？它们何时上升为艺术品？不论是《猪与人的房子》，抑或是"艺术农场"，都使生活与艺术之间的界限变得可见却又模糊。

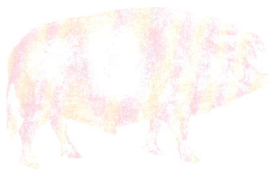

1　杰思敏·迈尔斯曼：《当图画学习奔跑时……：当代艺术中生动的猪》，载托马斯·马可编：《可怜的猪：一段文化史》，第113页。

幸运猪、猪形扑满、毛绒玩具猪

　　与猪相关的谚语和俗语流传甚广，它们又怎能不传递一些相互矛盾的意义呢？路德在《桌边谈话录》中使用"给某人一头母猪"这句话表示粗俗的辱骂，然而与此相反的是法语谚语"猪的身上都是宝"。英国农民常说"猪、女人和蜜蜂不能被转变（Swine, women and bees cannot be turned）"，德国人说"猪、蜜蜂和女人给司机带来麻烦（Schweine,Bienen und Weiber machen viel Not dem Treiber）"。大多数谚语与猪根本没有实际联系，而是针对人。如果某人在改正坏习惯后不久又重蹈覆辙，便会被讽刺说"刚冲干净的猪又去粪便中翻滚了"；如果某人遭到恶意诽谤，也许会听到谚语"没有人会起诉玷污自己的猪"；如果某人勤奋低调地圆满完成了工作，就会被赞扬"安静的猪挖出最大的根"。其他一些类似的日常用语的例子原本与真正的活猪毫无关联。一直以来最受欢迎的德语感叹句——"我有猪！（Ich habe Schweine gehabt）"（意即"交了好运"）——的来源可追溯至棋牌中将王牌S称呼为母猪（Sau），或者也可归因为在中世纪竞赛中充当安慰奖礼品的那些猪。

与谚语和俗语同样有趣的还有猪能够承担的多种形象：这种动物仿佛不仅进入了语言的世界，同时也进入了物质的世界。最小的雕像、护身符或纪念品，这些都证明了将人与猪的基本元素混淆杂糅的视角转换。猪被狩猎，但它们也会被描绘为狩猎者的模样；猪被烹煮，但我们也会发现它们作为厨师或厨房用具的形象（啤酒杯、调味罐、烤面包机）；猪带来幸福，但它们也会充当赌徒和保龄球爱好者。几乎没有哪一件日常用品从未以猪的形象出现过，几乎没有哪一个想法能够完全脱离猪的隐喻。最晚从巴洛克时代开始，猪的无所不能便与它作为幸福的象征意义联系起来了。猪那恶魔般的野蛮性格逐渐退却为淡淡的背景，与此同时，现实与想象纠结交错。猪能够保护那些经常受到饥荒影响的农业社会中的家庭免受饥饿之苦，猪也是多产和财富的希望象征。如果新年没有到来，我们应该如何实现这些希望呢？

幸福使人联想到金钱，据说古代中国便已有使用猪形扑满的传统。印尼爪哇东部满者伯夷国（Majapahit）的人们收集交易中剩余的中国钱币，放入猪形扑满中保管。1520年爪哇的宗教化进程中不仅消灭了境内"不洁净"的猪，也

Glückliches NEUJAHR

身披鞍垫的飞猪：新年贺卡。那些钱袋是压舱物

使猪形扑满受到牵连，使其在经历各种遏制打击后在爪哇绝迹。保存至今的只有猪的名字，印尼语中储蓄罐一词"Célengan"中的词根"Céleng"即为"猪"[1]。最早的德国猪形扑满发现于图灵根和法兰克地区。"在纽伦堡市中心出土的一个小小的陶制小猪据推测来自15世纪，不过它是否用于储蓄，还尚存争论。尽管小猪的背部有一个插槽，但这种形式原本是不存在的。"一个新的猪形扑满的历史谱系与误解相关：英国的"一种原本用于放置盐的家用储物用具使用一种名为'pygg'的混合材料制成。'pygg'一词随后逐渐发展为'pig'（猪）。随着时间的缓慢推移，发生改变的不仅是物品的名称，它的用途也发生了改变，人们逐渐开始把钱币放置于这种罐子里"，[2]罐子自身的外形也变成了一头猪。今天，使用储蓄罐的家庭已大大减少了，只有老一代的人们还能记得在罗伯特·莱姆克（Robert Lembke，1913—1989）主持的大受欢迎的脱口秀节目《我是谁》中，所有男女选手都会

1　汉斯·乌尔里希·埃斯林格（Hans Ulrich Esslinger）：《拥有猪：猪、金钱和幸运》（*Schwein gehabt. Schwein, Geld und Glück*），载托马斯·马可编：《可怜的猪：一段文化史》，德文版，第66—69页，该处见第67页及下文。

2　同上引，第68页。

被问及他们最喜欢的猪形扑满（Schweinderl）是什么。

　　作为艺术形象出现的猪进入了人们的卧室，尤其是儿童房，成为家居用品和储存罐。在刘易斯·卡罗尔（Lewis Carroll，1832—1898）创作的童话经典故事《爱丽丝漫游奇境记》（德文名：*Alice im Wunderland*，英文名：*Alice in Wonder land*）的第6章中，作者便描绘了一个小宝宝变成猪崽的场景。公爵夫人把她的孩子像球一样扔给爱丽丝，她出去的时候，女厨师拿起一只煎锅对准她后面扔去，几乎打着她。爱丽丝费了很大力气才接住婴儿，"这真是个奇形怪状的小家伙，手脚在空中胡乱抓蹬，'就像一只海星'，爱丽丝想。当他被爱丽丝接住时，可怜的小家伙正像个蒸汽机似的呼哧呼哧叫哼着，一会儿挺直一会儿蜷缩，不停地扭动，爱丽丝过了好一会儿时间才将他抱稳"。爱丽丝决定把小婴儿带走，否则"'这一两天之内这小家伙就会被他们整死的。倘若我把他留下，可不就是赤裸裸的谋杀了吗？'想到这儿，她禁不住将最后这句话大声说了出来，小家伙也咕哝哼了一声，好像是对这句话的回应。'别哼哼了，'爱丽丝说，'这可不是自我表白的好方式。'但小家伙又哼了一声，爱丽丝赶紧低下头对着他的脸仔细查看，想弄明白发生了什么。这下爱丽丝不由得惊讶起来，小家伙鼻子又长又高，与其说是鼻子，倒不如说是个猪嘴。两只眼睛完全不像是小孩子的眼睛，小得可怜。爱丽丝打心眼儿里无法喜欢这样的长相……'我的小宝贝，你如果非要变成一只猪崽，'爱丽丝一本正经地说，'我可就不会再管你了，你等着瞧！'这只可怜的小东西仿佛哼了一声，也许想开口说话，爱丽丝不得而知，只好继续把他抱在怀里安静地摇晃。过了一小会儿，小家伙又哼了一声，这强有力的咕哝声使得爱丽丝赶紧低头看他的脸，毫无疑问：小家伙的确成了一头小肉猪。爱丽丝觉得这太荒唐可笑了，于是把小家伙从怀中放下，看着他从容地跑进树林。爱丽丝心里如释重负。'如果它长大成为一个孩子，那一定是个丑八怪，'爱丽丝自言自语道，'但如果长大成为一头猪，我想还是很美的。'"[1]爱丽丝又开始回想，如果自己认识的其他小朋友变成一头猪会是什么样子。

　　这个场景包含了多个层次，它以我们之前提及的孩子与猪崽作为祭品之间的关系为主题，当然突出了另一个侧重点：猪崽看起来比孩子更美更可爱。这也使我们想到毛绒动

---

[1]　刘易斯·卡罗尔：《爱丽丝漫游奇境记》，德文版（*Alice im Wunderland*, Frankfurt am Main 1963），第63—65页。

两头小猪相遇

物玩具取代洋娃娃，占领市场的独特事业，它们的故事听起来也颇具童话色彩。1880年，德国乌尔姆附近一家制衣厂的女主人玛格丽特·施泰夫（Margarete Steiff，1847—1909）使用剩余的毛毡布料制作动物形状的针垫。一种大象针垫很受欢迎，当然不是做针线活的妈妈们喜爱，而是家中的孩子们。六年之后，已有超过5000个大象进入市场，其他的动物也加入了这一行列。进入20世纪后不久，施泰夫的侄子开发出一种用马海毛制作的毛绒熊，并于1903年的莱比锡博览会上首次展示。这只小熊赢得了世界性的巨大成功，它的名字让人联想到美国前总统西奥多·罗斯福的小名，他在一次外出打猎时让一只幼熊从枪口下死里逃生：最初名为"泰迪的熊"（Teddy's Bear），后改称"泰迪熊"（Teddybear）。1903年，泰迪熊的产量达到12000只，四年之后的年产量将近100万只。1909年，玛格丽特·施泰夫去世，她在将近三十年的时间内亲历了自己的手工毛毡工厂崛起成为全球著名毛绒玩具公司。

人类学家马特·卡特米尔（Matt Cartmill）将这样典型的成功故事定义为"小鹿斑比综合征"的一种影响。他因此发现，20世纪的儿童玩具出现了一种"动物化"的趋势："当1906年泰迪熊开始在美国流行时，美国人便已展开过严肃的争论，讨论这种毛绒动物对孩子们的影响；一些人担忧，喜欢和这种小熊玩耍，而不是和布娃娃做伴的小姑娘无法为今后的母亲角色做好准备。"自此之后，儿童房的玩具架上发生着持续变化，毛绒动物玩具代替了老式玩具。"还不确定，"卡特米尔强调，"为什么会出现这种儿童文化的动物化，这种变化依然没有得到解释。"[1]同时，猪在各种卡通形象的助力之下迅速占领了可爱动物世界中的重要位置。例如1933年5月27日上映的、荣获第6届奥斯卡金像奖最佳动画短片的迪斯尼电影《三只小猪》，又如1974年《大青蛙布偶秀》中的由木偶大师吉姆·汉森（Jim Henson，1936—1990）创造的布偶卡通人物佩吉小姐（Miss Piggy）。同样获得巨大成功的还有电影《小猪宝贝》，导演克里斯·努安（Chris Noonan，1952—   ）凭借此片获第68届奥斯卡最佳导演提名，片中的小猪由48头活的约克夏小猪出演，因为小猪们长得太快了。饰演农场主亚瑟·豪格特（Arthur Hoggett）的演员詹姆斯·克伦威尔（James Cromwell）据称在影片拍摄结束之后转变成了素食主义者。电影出品公司收到大量观众来信，关心贝贝（影片主角小猪的名字）未来的命运，从某种程度上来说，三年后所拍摄的电影续集的标题几乎就是对新觉醒的环境意识和日益加深的城市与大自然关系的深刻揭示：《小猪进城》。

---

1 马特·卡特米尔：《黎明时分的死亡：人与自然和狩猎的关系》，德文版（*Tod im Morgengrauen. Das Verhältnis des Menschen zu Natur und Jagd*, München / Zürich 1993），第 225 页及下文。

猪的疗法，猪的实验

我们继续影视的话题。2005年的美国电视系列剧《豪斯医生》第一季第15集《不要这样的人》讲述一个神秘的黑手党证人在出庭前突然晕倒，后经过活检发现为中毒性肝脏衰竭。豪斯医生决定借助猪的肝脏救治这位病人，将病人的体外循环与猪的肝血管直接相连，使人的血液在体外流动过程中得到净化、解毒。猪经过麻醉后被放置在黑手党身边的病床上。显而易见：人类与猪做伴，至少手术室暂时变成了猪圈。

猪与人类在生理学方面的相似性很早就得到了证实。这是对猪进行活体解剖的动机，正如古希腊医生盖伦（Claudius Galenus，129—199？）在公元2世纪所做的那样，1547年在威尼斯印制的铜像卷首图展示了他在一群学者围观下对猪进行活体解剖的场景。除此之外，猪身体的不同部位可以用于民间治疗，这或多或少地与一些神奇的想法直接相关。约翰·海因里希·泽德勒（Johann Heinrich Zedler，1706—1751）在1743年出版的《科学艺术百科全书》（Universallexikon）推荐了以下的关于猪的偏方："猪耳朵尖儿上有一段很白的软

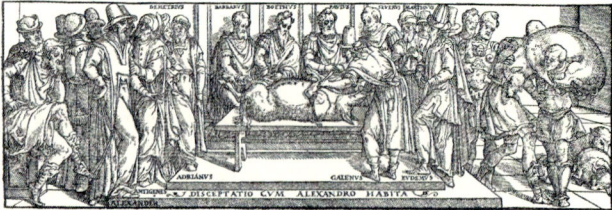

一头猪的活体解剖：希腊医生盖伦（Galenus）作品威尼斯版本的卷首图（1547
年印刷）

骨，拥有一种迄今为止仍然未知的特别力量。用猪的上颚磨
牙，可帮助儿童换牙期的乳牙脱落。清醒时吃烤猪肺可防止
醉酒。将猪膀胱磨成粉状服下，可治疗尿频尿急。烧为白色
粉末状的猪脚骨可用于治疗痛风。猪蹄烧成灰作为牙粉使用，
可强健牙齿，放入葡萄酒中可治疗痢疾，同时治疗尿频尿急。
在猪鼻孔里新鲜研磨的泥土可治疗肠绞痛；用药棉蘸这种泥
土可止血，无论何地何原因；放在胃部也可止吐。"¹我们能够
毫不费力地扩展泽德勒的名单："为了治愈儿童的百日咳，应
该在日出前将孩子带去猪圈，让他啃咬喂食槽。……将刚刚

<hr />

1 《科学艺术百科全书》第 36 卷，德文版（ *Grosses Vollständiges Universallexikon al-
ler Wissenschaften und Künste.* Band 36: Schwe-Senc, Leipzig / Halle 1743 ），第
253 页。

宰杀的新鲜猪肠裹在病人身体上可治疗气短气喘。"[1]

猪的医疗用途当然不应该被归结为神秘却有效的魔法。直至几年前，还有数百万糖尿病患者接受了来自猪胰腺的胰岛素治疗。[2]猪胰岛素与人体胰岛素仅存在微乎其微的差别，因此，直至21世纪初期才逐渐优化了人工合成的胰岛素制剂。在器官移植领域，猪 —— 而非灵长类动物 —— 被认为是非常有前途的候选者：猪的心脏瓣膜现在已成为人工心脏移植手术的可选方案，从技术层面来说，对猪心脏的整体移植也是可行的，类似于通过基因干预抑制排斥反应。简而言之，"一次成功移植猪器官的尝试将从本质上为猪与人类关系的历史开辟全新的局面，这可能让一些人不知所措，或者使他们联想到希腊神话中被称为喀迈拉（Chimären）[3]的神秘生物，又或者唤醒人们对一些现代恐怖故事的记忆。另一方面，一个人可能宁愿与猪的器官合体生活，而不甘心选择自己过早死

1　汉斯－迪特尔·丹嫩贝格：《拥有幸福：猪的历史与轶事》，德文版，第155页。

2　参见安妮特·温舍（Annette Wunschel）：《医用的猪：医学史上的变形》（*Heilsame Schweine. Metamorphosen in der Medizingeschichte*），载托马斯·马可编：《可怜的猪：一段文化史》，德文版，第82—86页，该处见第84页及下文。

3　希腊神话中的人兽杂交动物。——译注

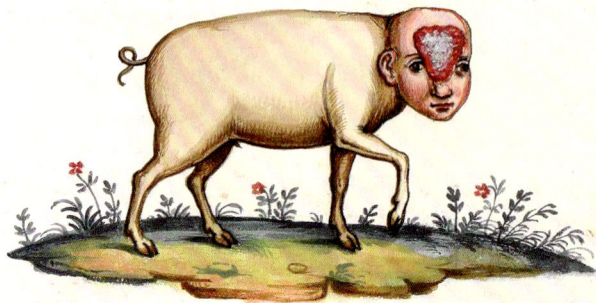

在流传甚广的 1642 年版《自然史》（*Monstrorum Historia*）一书中，文艺复兴时期意大利博洛尼亚大学自然史的教授与科学家乌利塞·阿尔德罗万迪（Ulisse Aldrovandi, 1522—1605）描绘了一头长着人脸的猪，或者说一个长着猪身的人。他的脸上长有一个"冠子"

亡，这在不远的未来或许是可能的"。[1]最近，猪与人类之间的相似之处再次让我们惊讶，同时也再次加强了我们曾无数次经历过的猪与人之间深深的、引人入胜的不对等。猪与我们在很多方面极为相似。

民间偏方认为喀迈拉的眼睛可以治疗失明，它的膀胱

---

[1] 弗兰茨·M. 伍克提兹（Franz M. Wuketits）:《猪与人类：一段关系史》，德文版（*Schwein und Mensch. Die Geschichte einer Beziehung*, Hohenwarsleben 2011），第 140 页。

可以治疗尿失禁等，比这些对"猪人"的冒险推测更为险恶的是人类对猪所做的不计其数的活体实验，这正是由于猪与人类太多的相似性。与历史上的军事性动物实验相比，在死猪身上进行的法医学实验和之前提及的在猪皮上练习文身的行为看上去好像没有什么害处。在比基尼环礁进行的原子弹测试中，为了测试核爆对生物的影响，难以计数的猪群被活活烧死或烧焦。同时，人们还应该研究经历核辐射之后的猪是否能够无风险地被食用，或者这种无风险期能够持续多长时间。20世纪七八十年代，猪仍可作为"活体目标"使用："士兵朝向被绑动物的腹部和后腿开枪。为了测试一种机枪的性能，士兵向被麻醉过的猪开枪，造成严重或极为严重的伤害，这只是为了研究它们苏醒之后的表现，观察猪们如何痛苦挣扎和死去。"直至2010年，美军"在德国上普法尔茨格拉芬沃尔（Grafenwöhr）的军事训练场制定了如下的实验规则：猪应该只用于医用实验，在严重受伤之后必须被尽快杀掉"。[1]一直以来，猪都是理想的祭祀牺牲动物：与狗、马、骆驼或大象不同，猪不能积极地参与战斗，而只能作为被屠宰的动物。这一结论自相矛盾，

1　弗兰茨·M.伍克提兹：《猪与人类：一段关系史》，第135页及下文。

因为在战事宣传中，猪往往被描绘为对方的战争化身。

　　猪生来就是为了死亡。它们不仅被应用于军事领域，也经常为一些民用研究服务 —— 从化妆品到防灾救灾。几年前，因斯布鲁克兽医大学的研究人员曾将活猪埋进雪地中，"观察它们被冻僵后窒息而亡的过程。根据气管大小的不同，整个过程持续几分钟到几小时不等"[1]。研究人员从死猪身上获取的组织样本可用于研究增加雪崩灾民生存机会的办法。这个研究的目的是合理的，然而研究手段呢？德国每年由于动物实验死去的猪的数目在12000头与16000头之间波动，2013年为12863头猪，2012年为16130头猪，这一年的数量比较高。针对所有欧盟国家的一个统计表明，2011年欧盟境内死于动物实验的猪为77280头。这个数字看起来多得吓人，然而如果将它与屠宰的数量相比，却又显得很低了：2012年德国共宰杀了约5800万头食用猪。

1　弗兰茨·M.伍克提兹：《猪与人类：一段关系史》，第137页。

丛林里的印度野猪，看起来并没有古代神话所描述的野猪那般雄壮

猪与肉：猪圈与猪托邦

可能只有三种方法是以社会规范和公认的形式杀死动物的：狩猎、祭祀、屠宰。有时，这三种方法的确会出现某些重合，不过它们所代表的也的确是三种完全不同的人群生活方式。猎人从来不会将猎物祭献，在农业社会中，狩猎是为了一小部分精英而保留存在的。使用机械和现代化的方式屠宰动物可作为一个现代工业化社会的标志。动物祭祀位于狩猎和屠宰之间的历史中心位置，因此它与狩猎和屠宰具有某些共同特征，这并不奇怪。一方面，一些特别的赎罪仪式将祭祀与狩猎联系起来，狩猎也会出现在祭祀游戏中；另一方面，在公众面前的屠宰常常是作为动物祭祀的一部分而进行的。猎人狩猎的对象是野生动物，而祭祀使用的大多为家养动物。与之相反的是屠宰，在后工业时期，所有动物都被平等地宰杀：根据肉类加工的情况来看，野生动物和家养动物之间的差别几乎已经不再重要了。农业社会中的家养动物已经消失了上百年了，它们以现在多样化的形式出现：与人类没有私人关系的家畜，以及几乎不能满足实用性要求的宠物。

早在古希腊、古罗马时期，荷马和奥维德就已讲述过狩猎野猪的故事，尤其强调甚至夸大野猪的神话力量，以突显英雄人物的勇气。在古希腊神话中，活捉厄律曼托斯的野猪（Erymanthischen Eber）是大力神赫拉克勒斯（Herakles）在杀掉涅墨亚的狮子（Neméische Löwen）之后为妻子墨伽拉（Megara）和三个儿子所犯过错赎罪而经历的12道历练之一。赫拉克勒斯将野猪从丛林追赶至雪地，终于活捉了精疲力竭的野猪。另一头野猪摧毁了希腊卡吕东岛（Kalydon）周边，它是月亮女神阿耳忒弥斯（Artemis）的复仇化身，因为国王在一次收获季节仪式上将这位女神遗忘。野猪糟蹋庄稼，毁坏田野，伤害羊群、牧羊人和农民。为了战胜这只野猪，全希腊所有著名的英雄都被召集在一起，包括伊阿宋（Iason）、来自斯巴达的孪生兄弟卡斯托耳（Kastor）与波吕丢刻斯（Polydeukes）、忒修斯（Theseus），以及卡吕冬国王之子墨勒阿革洛斯（Meleagros）。奥维德在《变形记》第8卷中描绘了这头可怕的野猪："它血红的眼睛里喷射出熊熊的火焰，它宽阔的背上竖着坚硬的鬃毛，它哼哼一声，沸腾的唾液便顺着宽阔的肩膀流淌。粗大锐利的獠牙如同象牙一般，它从喉咙喷射出闪电，树叶立刻燃烧成灰烬。"[1]这头野猪的体积和重量远远超越了华尔街铜牛。

日耳曼神话、爱尔兰神话或英格兰神话中都曾有过讲述英雄人物狩猎野猪的故事，其中著名的包括冰岛史诗《埃达》(Edda)、英国撒克逊人长篇史诗《贝奥武夫》(Beowulf)、中高地德语叙事诗《尼伯龙根之歌》(Nibelungenlied)、《亚瑟王》(König Arthur)以及戈特弗里德·冯·斯特拉斯堡(Gottfried von Strassburg，? — 1210)的史诗《特里斯坦与伊索尔德》(Tristan und Isolde)。野猪代表着英雄人物。特里斯坦诗歌中的膳食总管梅里雅达克(Meriadoc)梦见一头野猪闯进了国王卧室："它疯狂恐怖地闯进王宫，发出呼哧呼哧的声音，猛烈地摧毁它目及之处的一切。"骑士们和仆人们迅速赶来，但当野猪在宫殿内咆哮时，他们竟不知所措。凶猛的野兽最后闯进了国王的卧室，"在国王床上沾满粪便，弄脏了所有床品"[2]。毫无疑问，这个梦明确地指向了特里斯

1　奥维德：《变形记》，德文版（*Metamorphosen. Das Buch der Mythen und Verwandlungen*, Zürich / München 1989），第 192 页。

2　迪特·库恩（Dieter Kühn）：《斯特拉斯堡的特里斯坦与伊索尔德》，德文版（*Tristan und Isolde des Gottfried von Straßburg*. Frankfurt am Main 2003），第 575 页及下文。

坦，因为这位英雄的盾牌上刻着一头野猪："正如他在盾牌上设计和雕刻的、使人从不缺乏勇气的野猪。"[1]这个盾牌紧接着又被细致地描述了一番：盾牌是一种抛光的银色，"如同新制的玻璃镜般闪耀。用黑貂皮制成的、如同煤炭般发黑的野猪形象雕刻在盾牌之上，制作手艺精湛，美丽夺目"[2]。我们也可以在许多骑士的纹章和徽章上发现，野猪代表着力量和勇敢。"对于纹章和徽章的图形来说，野猪是一种流传广泛又极为经典的形象。它经常以黑色出现，凸显锋利的尖爪和背部的鬃毛，以作战状态高高直立。当然，最为引人注目的是野猪的大长牙，正如猎人们所说的'长枪'，在一些叙述中野猪的长牙可以达到剑齿虎上犬齿的大小。因此，若一位骑士手持雕刻有正在雄起的野猪图案的盾牌，这种武器已经预示着对手不可避免的失败了。"[3]

另外，野猪不仅只以图案的形式雕刻于盾牌上，这

---

1 迪特·库恩：《斯特拉斯堡的特里斯坦与伊索尔德》，德文版，第804页。

2 同上引，第378页。也可参见威尔弗里德·舒文克：《葡萄园里的野猪：中世纪文学艺术中的猪》，德文版，第48页及下文。

3 奥拉夫·雷德（Olaf Rader）：《猪的特性：荣耀和嘲讽、战斗和粪便》（*Identität Schwein. Von Ruhm und Spott, von Kampf und Kot*），载托马斯·马可编：《可怜的猪：一段文化史》，德文版，第58—61页，该处见第59页。

个词也出现在大量的地名中：上法兰克地区的埃布拉赫
（Ebrach）、巴伐利亚地区的埃博思贝格（Ebersberg）、上劳
西茨地区的埃伯斯巴赫（Ebersbach）、勃兰登堡地区的埃伯
斯瓦尔德（Eberswalde），这些地区的城市徽章始终都是由两
头黑色野猪组成的。基于很大的夸张成分，历史上记录的
所有野猪狩猎都不是一件易事，这也可以从康拉德·格斯
纳（Conrad Gesner，1516—1565）1565年所著的《动物史》
（Thierbuch）中得到一点提示："猎人狩猎野猪是为了得到它
们的肉：人们大多在冬季带着猎狗追捕野猪，有时也会使用
子弹打猎。如果野猪的伤口不足以致命，它们则会以强烈的
愤怒回击猎人，伤害猎人，以至于将猎人冲击至旁边的树上
或者冲倒在地面，这时野猪弯曲的牙齿则不会再对猎人构成
威胁了，猎人便耐心等待其他人的营救。"[1]

　　在狩猎厄律曼托斯野猪和卡吕东野猪时，猎人仍然还
在不辞劳苦地使用长矛、弓箭作为狩猎工具。枪支弹药的
普及开始让狩猎野猪成为贵族的消遣游戏，成为一种过度
的"愉快谋杀成瘾"，正如歌德在1777年12月的《冬游哈茨

---

[1]　康拉德·格斯纳：《动物史》，德文 1669 年版本重印版（Thierbuch.Nachdruck
der Ausgabe von 1669, Hannover 1980），第 337 页。

康拉德·格斯纳《动物史》中描绘的两头野猪相遇的场景（1583）

山》（*Harzreise im winter*）中所写的一样。数字显示："在萨克森选帝侯约翰·格奥尔格一世（Herzog Johann Georg I，1585——1656）执政的1611年至1655年间，他共射杀和狩猎了116106只动物，其中仅野猪便多达3192头，他杀死的27只刺猬也在'王宫·狩猎统计'中清晰地记录在册。符腾堡选帝侯卡尔·欧根（Karl Eugen，1728——1793）在1763年2月20日的生日狩猎当天猎捕了5128只野生动物，其中包括330头野猪，在他势力范围内的森林中上演了一场大屠杀，并在笼子中运输猎物，完全不考虑季节因素。直至19世纪初期，狩猎还是一项属于统治者、上层阶级、贵族及高层神职人员的特权。"[1]反对狩猎的呼声从16世纪起便已经高涨。伊拉斯谟（Erasmus von Rotterdam，1466—1536）在《愚人颂》（*Lob der Torheit*）中批判狩猎的屠杀行为，以及贵族的愚蠢："那些狩猎成果最为丰硕的人宣称，狩猎时喧嚣的号角声和吆喝声使他们热血沸腾——我也认为，猎犬的粪便对狩猎者来说闻起来就像肉桂的味道。"[2]英国人托马斯·莫尔爵士（Thomas More，1478—1535）在他的《乌托邦》（*Utopia*）中认为"狩猎"是"不值得尊敬的活动"，因为"猎人只是通过猎杀和折磨动物来获得快感"。[3]法国人文主义思想家蒙田（Michel de Montaigne，1533—1592）在1580年的《蒙田随笔全集》（*Essais*）第2卷中强调："我一直无法坦然面对人类迫害和杀害无辜动物的行径，它们是那样无助，对人类也没有造成任何伤害。……对动物嗜血的人证明了他们生来的残酷

1　卡尔·奥古斯特·格罗斯库茨（Karl August Groskreutz）:《所罗门的母猪：世界文学中的白齿猪》，德文版（*Die Sau des Salomo. Fährten des weißzahnichten Schweins in der Weltliteratur*, Reinbek 1989），第 69 页及下文。

2　伊拉斯谟：《愚人颂》，德文版（*Das Lob der Torheit*, Basel / Stuttgart 1966），第 77 页。

3　托马斯·莫尔：《乌托邦》，德文版（*Utopia*, Leipzig 1976），第 84 页。

与野蛮。"[1]

在人类社会工业化的进程中，这些敏感与柔软之处未曾得到关注。自媒体革命加速发展时期以来，动物进入了一个不断扩张的假想世界，大量的动物身影出现于电影和传媒、艺术展览和动物研究论坛、儿童房以及广告中。然而，基于动物的现状，我们却很容易忘记这些与人类共同生活了几千年的动物已经从现代具体的生活和工作环境中被驱逐了。拖拉机、联合收割机及其他现代农业机械取代了耕牛，人工合成材料制作的服装取代了天然的羊毛衣物。机械化装甲师取代了骑兵，越来越多的曾经理想化的战马被驯化为畜力，或在必要时变成肉块被士兵吃进肚子。马车让位于铁路及高速公路，负重畜力让位于起重机和挖掘机，文字书信让位于电脑和电话。如果我们要把握现代化进程的基本趋势，我们必须将其描述为一种逐步通过机器消除动物的过程。这种社会变革突然间使动物的社会属性减少为单一一种，即大规模的屠宰及食用，此前从未有任何一种野生动物或家畜能

1　蒙田：《论残忍》（*Über die Grausamkeit*），载蒙田：《蒙田随笔全集》第 2 卷，德文版（*Essais*, Frankfurt am Main 1998），第 210—216 页【II, 11】，该处见第 215 页。

德国画家彼得·保罗·鲁本斯（Peter Paul Rubens，1577—1640）笔下的猎捕卡吕冬野猪的热闹场面，与古代神话传说的内容关联性不大

够在单个物种条件下同时满足如此大的需求量。一旦动物失去了实用价值，它们仅有的便是食用价值了。所有的饲养利益都归结于同一点 —— 家畜不再有其他用处，只是尽可能快速地增肥长胖而成为煎锅中的牛排或香肠。动物屠宰场中的动物 —— 首当其冲的是为了屠宰而生的猪 —— 已不再是家畜了。它们不再被人类用于社会生产，而只是被野蛮地消耗着，它们没有房子，也不会被感知或命名。[1]泰斯·格瑞森（Tess Gerritsen，1953— ）在恐怖小说《傍晚休息》（Abendruh）伊始写道："在农场度过的童年时代教会我许多东西：人们不允许为那些已经确定要屠宰的动物起名字，取而代之的是一号猪或二号猪；人们也从不直视猪的眼睛，以避免从中良心发现自己的意识、人性甚至对猪的好感。如果人与一个动物熟悉，那么在刺穿动物喉咙时，他就需要更大的决心。"[2]

1　参见托马斯·马可：《家畜的起义》（Der Aufstand der Haustiere），载雷吉娜·哈斯林格编［（Regina Haslinger (Hrsg.)］：《挑战动物：从博伊斯到卡巴科夫》，德文版（Herausforderung Tier. Von Beuys bis Kabakov, München / London / New York 2000），第 76—99 页。

2　泰斯·格瑞森：《傍晚休息》，德文版（Abendruh, München 2013），第 7 页。

　　著名的伍德斯托克音乐节（Woodstock-Festival）在1969年8月中旬举行。此前一个星期，曼森家族（Manson-Family）对演员莎朗·塔特（Sharon Tate，1943 — 1969）及其家人进行了大屠杀，罪犯之一苏珊·阿特金斯（Susan Atkins）用塔特的血在房门写下了"pig"（猪）的血字。同年，意大利导演皮埃尔·保罗·帕索里尼（Pier Paolo Pasolini,1922 — 1975）在《定理》（*Teorema*）之后根据戏剧《猪圈》（*Porcile*，又名《豚之屋》，1966）和《狂欢》（*Orgia*，1968）拍摄了阴郁、暗讽的电影《猪圈》（*Der Schweinestall*）：一部在短时间之内低成本制作的电影。本片云集了新浪潮（Nouvelle Vague）时期的著名演员：罗伯特·布列松（Robert Bresson，1901 — 1999）影片《驴子巴特萨》（*Zum Beispiel Balthazar*,1966）中的女主角、已在《定理》中有过精彩表现的德国女演员安妮·维亚泽姆斯基（Anne Wiazemsky，1947 — 2017），弗朗索瓦·特吕弗（François Truffaut，1932 — 1984）最喜欢的法国男演员让-皮埃尔·利奥德（Jean-Pierre Léaud，1944 —　），以及乌戈·托格内吉（Ugo Tognazzi，1922 — 1990）和马尔科·费雷里（Marco Ferreri，1928 — 1997）。帕索里尼的这部电影讲述了吃人与被吃的故事。本片由两条叙事线分叉进行：一条线索讲述了在原始时

在荷兰画家伊萨克·范·奥斯塔德（Isaac van Ostade，1621—1649）的笔下，被屠宰的猪悬挂在木制十字架上，相同的场景也出现在霍夫曼斯塔尔（Hugo von Hofmannsthal，1874—1929）的悲剧《囚塔》（*Turm*）之中

期，皮埃尔·克里蒙地（Pierre Clémenti，1942—1999）饰演的青年人因饥荒而不得不生吃人肉，后来竟发展成为吃人集团，最后被围捕并被抛弃于荒野，最终被野狼啃噬；另一条线索发生于二战后的德国工业社会，两个纳粹战犯大亨联手垄断德国工业，决定联姻，其中一个人的儿子（利奥德饰演）对女朋友没有多少兴趣，反而对猪产生了感情，最后竟然与猪发生性关系，并最终被猪活活吃掉。导演将影片视作一种自传性的启发，残酷而温柔的寓言，以及一首"关于洛特雷阿蒙（Lautréamont，1846—1870）的彼特拉克十四行诗"。帕索里尼希望通过《猪圈》总结："这个社会、每一个社会，既会吃掉顺从的人，也会吞噬那些不服从的人。"[1]

依据贝托尔特·布莱希特（Bertolt Brechet，1898—1956）和格奥尔格·格罗斯（George Grosz，1893—1959）的观点，帕索里尼认为猪一方面象征着情调，另一方面象征了一个反对工业化和资本主义压迫的古代原始世界。对帕索里尼来说，猪也与野蛮的矛盾相连：一个文明世界，同时也是一个野蛮世界。"我很愿意承认，野蛮是我最为喜欢的表述。因

1　皮埃尔·保罗·帕索里尼：《郊区的灯光》，德文版（*Lichter der Vorstädte*，Hofheim 1986），第 121 页。

为在我的伦理逻辑中，野蛮是在我们这个时代的文明之前的状态，代表着健康的理性以及未来。我知道，这种想法看起来并不合理，甚至有些颓废堕落。原始的野蛮有一些纯粹的、很好的东西，它的粗暴残忍只会出现在极为罕见、例外的情形之下。"[1]对资本主义的反对表现为自相残杀："吃人是一种符号系统。在这里，必须给予它充分的寓意：最严格的反抗象征。影片第二条线索中的青年通过与神秘宇宙的交流，部分摆脱了资产阶级家庭属性以及作为工业巨头的父亲的权威，最终对猪圈里的猪产生了爱情。这是一种象征性的爱情，一种与吃人类似的象征。一处区别在于：自相残杀象征绝对的反抗，已达到一种最可怕的神圣的状态，而对猪的爱 —— 最后一个可能的爱 —— 却半途而废。"[2]猪圈象征着社会，同时也是反抗、殉道、牺牲和自愿被活活啃食的中心。

猪与我们在很多方面极为相近。爱与惊恐、相似与敌意、吃与被吃：诗意和视觉上的分界矛盾逐渐弱化，这在近期的文学作品中也可见一二，例如爱尔兰女作家基蒂·菲茨杰拉德（Kitty Fitzgerald）2005年出版的《猪之天地》。故

1　皮埃尔·保罗·帕索里尼：《郊区的灯光》，德文版，第122页。

2　同上引，第123页。

事的主人公杰克·普朗（Jack Plum）是一个长着畸形大脑袋
和一张残缺的脸的年轻人，他与猪建立了非常亲密的关系：
"猪与我，我们都知道，我们之间没有界限。"[1]杰克的父亲是
一位屠夫，他教会杰克热爱动物，但他不幸离世。杰克的妈
妈酗酒、暴力，经常对他进行侮辱和虐待。在日常生活中，
杰克口吃，总是使用一种不正常的艺术语言和儿童语言。这
部小说讲述了杰克如何在自己的秘密猪宫殿中与猪交往，并
逐渐对朋友霍莉（Holly）、一个青春期女孩敞开心扉的故事，
描述了一种对基本转变的渴望。小说结尾处满足了这种要
求：在激烈的场景下，猪群吃掉了它们心爱的主人。猪与人
类之间的亲密关系通过自相残杀表现出来：吃掉所有异己。
人们怎么会吃掉自己喜欢的东西？人们怎么不会吃掉自己喜
欢的东西？人们怎么会不喜欢自己所吃的东西？我们会吃掉
即将吃掉我们的东西。

　　死亡的"象征交换"是法国后现代主义哲学家让·鲍德
里亚（Jean Baudrillard，1929—2007）所提出和分析的重要

---

[1]　基蒂·菲茨杰拉德：《猪之天地》，德文版（*Pigtopia*, München 2006），第8页。

概念，[1]这实际上是作为所有经济活动基础的一种物质交换和代谢交换。在此种交换的过程中，献祭仪式可以转化为禁止吃肉的规定，以及对屠宰的热爱。德国女作家克劳迪娅·施雷柏（Claudia Schreiber）的小说《艾玛的幸运》（*Emmas Glück*）中，女主角艾玛（Emma）有一个习惯，把即将被屠宰的猪带到树下爱抚，以减轻它们的痛苦："艾玛毫无迟疑，突然用一把锋利的长刀迅速、精准地捅进猪的心脏。几声短暂的呼喊之后，猪便很快安静下来。艾玛惊恐万分，浑身颤抖。猪的鲜血喷涌而出，被艾玛紧紧按住。泪光婆娑中，艾玛不知所措地数着：'1，2，3，4，5，6，7，8。'艾玛害怕，它会拥有与猪不一样的感觉。这样地恐惧！不过，猪现在正安静地躺在艾玛胳膊上，它的鲜血流淌在石质地面上，渗入板间。"[2]这个故事带给我们新的恐惧，因为人类与猪在死亡时的情景是如此相似。同时，这个故事也是不合时宜的。现实其实是另一番景象：实用性的大规模养殖、计件屠宰，以

1　参见让·鲍德里亚：《象征交换与死亡》，德文版（*Der symbolische Tausch und der Tod*, München 1982）。

2　参见克劳迪娅·施雷柏：《艾玛的幸运》，德文版（*Emmas Glück*, Leipzig 2003），第 181 页。

及在时间与产量高强度压力下难以避免的错误及残忍地对待动物的方式。猪在活着或尚存意识的情况下被送上屠宰刑场，这种情况一而再，再而三地发生，根据新闻报道，大约有50万头猪在2013年间经历了这种遭遇。在盖尔·A.艾斯尼茨（Gail A. Eisnitz）名为《屠宰场》（*Slaughterhouse*）[1]的报道中，以及大量的不同动物权利组织的网站上，我们很容易能够看到更多相关的残忍细节。位于威斯巴登的联邦统计部数据显示，2014年7月至9月德国境内共计1400万头猪被屠宰。然而，我们根本无法见到这些动物。很明显，问题依然存在，我们必须为这种不断增加的不确定性付出代价。《猪圈》《猪之天地》或《艾玛的幸运》展现了人、猪反转的噩梦，物质代谢的规则：吃与被吃。格林兄弟在1812年的第1卷童话《献给孩子和家庭的童话》（*Kinder märchen*）中讲述了一个恐怖故事《孩子们的屠杀游戏》，由于多方抗议，他们不得不在之后的童话版本中删除了这一故事。"在一个名叫弗兰艾克的城市里，有几个五六岁的孩子聚在一起玩耍。他

1　参见盖尔·A.艾斯尼茨：《屠宰场：美国肉业内部的惊人贪婪、忽视和不人道对待》，英文版（*Slaughterhouse. The Shocking Story of Greed, Neglect, and Inhumane Treatment Inside the U. S. Meat Industry*, Amherst 2007）。

科林特（Lovis Corinth，1858—1925）：一头被屠宰的猪的肖像画（1906）

们每人选了一个角色，首先是一个屠夫、一个厨师，还有第三个，那该是头猪；一个女孩扮演厨娘；最后一个女孩便是打下手的。这位打下手的女孩得拿着碗放在猪脖子下面接血，以便灌煮成血肠。现在屠夫对那头猪下手了，他拿一把小刀刺入'猪'的心脏，撕扯、切开它的喉管，打下手的另一个女孩拿碗来接血。"至今，我们还能够在迈克尔·哈内克（Michael Haneke，1942—　）拍摄的令人不安的电影《班尼的录像带》（*Benny's Video*）中获得关于这个残忍故事的回音。

　　1924年，奥地利作家霍夫曼斯塔尔在晚年创作的悲剧

《囚塔》（*Turm*）也描写了被宰杀的猪和十字架之间的一种近乎亵渎的关系，该剧讲述了波兰王子西格斯蒙德（Sigismund）在统治者的权势欲与被统治者的暴力行动之间怎样被一步步毁灭的故事："你还记得被父亲宰杀的那头猪吗？它尖叫得如此猛烈，我也尖叫着——之后我无论如何也不想再碰猪肉了，即便你强行打断我的牙齿，我也不会再碰一下。猪被悬挂在我房门走廊的十字木架上；它的体内如此黑暗，在其中我迷失了自我。——这是在猪的最后一声尖叫时，从它体内逃离的灵魂吗？抑或是我的灵魂再次进入了死去的猪的身体？"[1]生活于17世纪的荷兰画家伊萨克·范·奥斯塔德英年早逝，在他令人印象深刻的画作中我们能够更为清晰地识别出这样的"木头十字架"。猪就是这样的献祭动物，然而没有人想确切知道我们的灵魂飞去何方。

狩猎、祭祀、屠宰：猪与我们在很多方面极为相近。如果有人想勾勒一个关于矛盾的谱系，那么他所需要做的就是认真研究猪的历史。在它们的历史中存在大量的想象、寓言、

---

[1] 霍夫曼斯塔尔：《囚塔》，载霍夫曼斯塔尔：《十卷本作品合集》第3卷，德文版（*Ders.: Gesammelte Werke in zehn Einzelbänden. Band 3: Dramen III 1893—1927, Frankfurt am Main 1979*），第255—381页，该处见第304页。

谚语、画作和文物之间的矛盾，以及屠宰场和工厂化养殖实践中日益增加的不确定性。与不断增加的可见度相对应的是特别的盲目性，一种被遗忘和被压抑的惨无人道的日常生活，同时与之相对应的还有噩梦所体现的弥漫性的恐惧与内疚，这也是在食人族主题中反复出现的典型问题。我们人类自身应该接受哪些物质代谢的规则？我们怎么会吃掉我们喜欢的东西？我们怎么不会吃掉我们所喜欢的东西？我们怎么会不喜欢我们所吃的东西？我们会吃掉即将吃掉我们的东西。

肖

像

　　属于"真正的猪"的猪科动物的品种数量不断减少。目前我们尚不清楚猪的种和亚种之间的界限在哪里，以及应该采用何种标准对其进行区分。因此，科学理论家和伦理学家弗兰茨·M.伍克提兹在2011年出版的《猪与人类》一书中总结了12个猪的品种："野猪（*Sus scrofa*）、姬猪（侏儒猪/迷你猪，*Sus salvanius*）、不哇疣猪（*Sus verrucosus*）、苏拉威西野猪（*Sus celebensis*）、越南野猪（*Sus bucculentus*）、须野猪（婆罗州须猪，*Sus barbatus*）、鹿豚（猪鹿，*Babyrousa babyrussa*）、非洲野猪（红河猪，*Potamochoerus porcus*）、假面野猪（丛林猪，*Potamochoerus larvatus*）、大林猪（*Hylochoerus meinertzhageni*）、疣猪（普通疣猪/非洲疣猪，*Phacochoerus africanus*）、荒漠疣猪（沙漠疣猪，*Phacochoerus aethiopicus*）。"[1]不过伍克提兹也补充说，动物学中的种属界限通常具有不确定性和流动性，人们也可以根据动物外形特征将其确定为不同的物种或者仅作为亚种。生物学中的种属问题经常会引发争议和讨论。

　　在以下的肖像画中，我并没有按照猪的品种，而是按照猪的种群属性来进行分类和论述，它们必须全部被视为欧

1　弗兰茨·M.伍克提兹：《猪与人类：一段关系史》，德文版，第19页。

亚野猪和家猪的后代。比非洲猪种更胜一筹的是，欧亚野猪和家猪不仅对我们意识中的猪的文化图像产生着持续的影响，同时它们也为了这种"文化化"付出了极大的缩短寿命和降低生活质量的代价。与此同时，1981年成立的民间组织德国古老畜禽保护协会（Gesellschaft zur Erhaltung alter und gefährdeter Haustierrassen）强调，许多猪种正面临灭绝的威胁，正如本书随后的几页中所出现的部分猪种。1984年，协会开始出版濒危古老畜禽品种红名单，其中包括昂格尔恩马鞍猪（Angler Sattelschwein）、施豪猪（Schwäbisch-Hällische Schwein）、本特海姆黑斑猪（Bentheimer Schwein）以及一些毛猪（Wollschweine）。在此方面，我们可以按照"纪念墙"的方式来阅读以下的12幅猪的肖像画。

昂格尔恩马鞍猪

家猪

学　名：*Sus scrofa domestica*

德文名：Angler Sattelschwein

英文名：Angeln saddleback

法文名：L'angler sattelschwein

　　昂格尔恩马鞍猪的名字一方面源自它的原产地，一方面源自其外形。1880 年起，人们开始在波罗的海和弗伦斯堡峡湾中间的昂格尔恩（Angeln）半岛（今德国境内）上养殖昂格尔恩马鞍猪。它们的身体呈黑色，一条白带从肩膀经过，环绕腹部，看起来像一个马鞍。马鞍猪的"祖先"可特别追溯至英国韦塞克斯（Wessex）的马鞍猪。1929 年，昂格尔恩马鞍猪建立血统登记，被品种选育记录在册，1937 年被认定为独立品种。20 世纪 50 年代，昂格尔恩马鞍猪的育种工作蓬勃发展，在德国北部、下萨克森州、匈牙利、捷克甚至南美洲广泛养殖，然而 2011 年在德国境内仅存 70 头昂格尔恩马鞍猪。一些资助促进协会和有机农场开始致力于保护这样的濒危猪种。昂格尔恩马鞍猪体形强壮，适于多种放养模式。它下垂的大耳朵非常特别。成年公猪体重约为 350 千克，成年母猪体重约为 300 千克，多育。当昂格尔恩马鞍猪 6 个月时便可用于屠宰，体重约为 100 千克至 120千克。

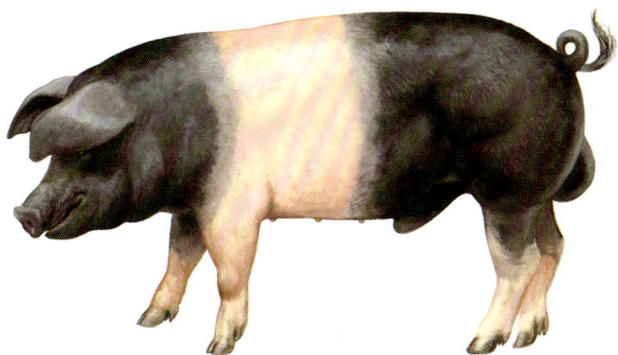

本特海姆黑斑猪

家猪

学　名：*Sus scrofa domestica*
德文名：Bentheimer Landschwein
英文名：Bentheim black pied
法文名：Bentheimer porc

　　人们经常使用"彩色"一词来形容本特海姆黑斑猪，它的原产地是历史上的下萨克森州本特海姆（Bentheim）周边、埃姆斯兰（Emsland）以及威斯特伐利亚的韦特林根（Wettringen）。本特海姆黑斑猪的养殖历史可追溯至 19 世纪中叶，当地养猪的农妇比较倾向选择带有花纹和斑点的品种养殖，以利于区分当时占主导地位的浅色猪。丰富多彩的本特海姆黑斑猪属于体形较长的中型猪，双耳下垂，白色或浅灰色的皮毛上分布着不规则的黑色斑点。二战后的 20 世纪 50 年代是本特海姆黑斑猪数量的快速增长期，但之后其数量急剧下降，面临灭绝的危险。20 世纪 60 年代至 80 年代中期，仅有格哈德·舒尔特－伯恩德（Gerhard Schulte-Bernd）一人还在坚持饲养此猪。此后，本特海姆黑斑猪的境遇已有很大改善——德国古老畜禽保护协会将其列入 1995 年公布的濒危畜禽品种红名单，一个相应的资助促进协会由此得以成立。在互联网的帮助下本特海姆黑斑猪获得了新的关注：2007 年，一篇博客以本特海姆小猪库尔特的名义发表，标题是"昨天是克努特，今天是库尔特"。2014 年，德国境内的动物品种选育手册中记载的本特海姆黑斑猪数量为母猪 410 头，公猪 90 头。

伯克夏猪

家猪

学　名：*Sus scrofa domestica*
德文名：Berkshire-Schwein
英文名：Berkshire pig
法文名：Porc berkshire

　　伯克夏猪被认为是英国最为古老的猪种。它的原产地是伦敦西部的伯克郡（Birkshire）（现为牛津郡 Oxfordshire），靠近法尔顿（Faringdon）和万塔奇市（Wantage）附近的地区。当伯克夏猪在 1642 年至 1649 年英国内战期间被奥利弗·克伦威尔（Oliver Cromwell）的军队"发现"时，它还是一种体形较大、有着红色皮肤和黑色斑点以及下垂双耳的猪；在与中国和那不勒斯的猪种杂交之后，才变成了现在这样体形较小、双耳直立、身体大部呈黑色、面部和腿脚尖呈白色的模样。壮年伯克夏猪极为顽皮和活泼，竖直有力、间距较大的四肢能够帮助它们快速奔跑。伯克夏猪的中长鼻子呈拱形，颈部娇小无皱，肩膀弯曲，腹部呈直线。伯克夏猪也属于濒危猪种，2008 年全世界共存 359 头母猪和 89 头公猪，生活在德国境内的有 60 头。奥威尔在《动物农场》中描绘的拿破仑便是一头强壮野性的伯克夏猪。

短鼻穆尔西亚猪

家猪

学　名：*Sus scrofa domestica*
德文名：Chato Murciano
英文名：Chato murciano
法文名：Chato murciano

　　这种猪的名字来源于它的鼻子，"chato"意为短鼻子，同时也与它的原产地相关：位于西班牙东南部地区的穆尔西亚（Murciano）。短鼻穆尔西亚猪非常强壮，容易满足，便于饲养，家庭垃圾和农场副产品都可作为它的食物，因此短鼻穆尔西亚猪也是一种理想的、可在城市饲养的"城市猪"。它们的皮毛通常为黑灰色；大大的耳朵向前方直立，体形中等：成年公猪的体重为123千克至138千克，成年母猪则为113千克至129千克。与有时不羁的伯克夏猪相反，短鼻穆尔西亚猪尽管有着粗犷的外形，但性情实则极为温柔。1865年这一地区的短鼻穆尔西亚猪约为5万头，由它们制成的高品质的培根和瘦肉广受赞誉。然而，自20世纪末期起，短鼻穆尔西亚猪已经面临灭绝了，据西班牙农业经济与发展研究中心的专家调查统计，当时全世界的短鼻穆尔西亚猪仅有约40头。自1999年起，西班牙政府开始采取各种行政促进措施及市场措施确保短鼻穆尔西亚猪的继续繁衍。

杜洛克猪

家猪

学　名：*Sus scrofa domestica*
德文名：Duroc-Schwein
英文名：Duroc pig
法文名：Duroc

　　杜洛克猪原产自美国东北部。1800 年前后当地出现了大量的红毛猪群，这些红毛猪的来源尚不明确，来自几内亚的奴隶进口贸易是可能性之一。在与泽西红毛猪以及纽约红毛猪杂交之后，1830 年才产生了长着特殊铁锈红皮毛的杜洛克猪。据说，艾萨克·弗林克（Isaac Frink）1823 年在参观哈里·凯尔西（Harry Kelsey）农场时购买了红猪，他原本是想去那儿参观一匹著名的赛马，它的名字就叫作杜洛克。由于这个渊源，新的红猪系列也根据这匹赛马来命名了。现在，美国境内的所有州都在广泛养殖杜洛克猪，它们的性情尤为安静、平和。杜洛克猪身材中等，耳稍弯曲向前倾，头部和胸部宽深，背腰略呈拱形，腹线平直，四肢强健直立。杜洛克猪非常强壮，冬夏季节均可在室外放养。成年公猪的体重可达 150 千克，成年母猪可达 140 千克。科学家破译的首个猪的 DNA 基因组序列便来自于一头名叫 T. J. 塔巴斯科（T. J. Tabasco）的杜洛克母猪。

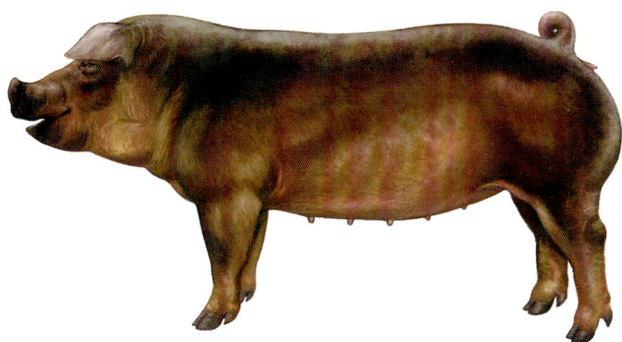

酷尼酷尼猪

家猪

学　名：*Sus scrofa domestica*
德文名：Kune Kune
英文名：Kune Kune pig
法文名：Kunekune

　　新西兰毛利人将这种猪称为酷尼酷尼，酷尼酷尼在毛利语中的意思很简单："肥胖和滚圆"。这种小型家养猪是如何来到新西兰的，我们无从得知。新西兰人宣称，他们的祖先乘坐独木舟将酷尼酷尼猪从波利尼西亚岛带回新西兰。还有一种可能，酷尼酷尼猪是由来自中国或东南亚的捕鲸者带来的。酷尼酷尼猪是一种小型肥圆的动物，成熟公猪的体重最多 60 千克，母猪为 50 千克。最具特点的是它们下巴上的两条流苏（piri piri）。耳部与四肢均短小，皮毛颜色多样，胸部厚重，尾巴从不卷曲。酷尼酷尼猪可以单独以草类为食，是唯一的真正的放牧猪。它们平和、友好、热爱人类。毛利人只有在节庆时才会食用酷尼酷尼猪，其他情况下均利用它们的脂肪来保存干肉。20 世纪 90 年代，第一头酷尼酷尼猪出口至英国，此前它们一直属于濒危物种，之后酷尼酷尼猪得以在爱尔兰、法国、荷兰和美国广泛养殖。现在，越来越多的酷尼酷尼猪作为户外宠物受到人们的喜爱。

大白猪

家猪

学　名：*Sus scrofa domestica*
德文名：Large White
英文名：Large White
法文名：Large White

　　大白猪原产于英格兰东北部的约克郡（Yorkshire），因此又被称为约克夏猪。这一著名猪种自 19 世纪末便开始在世界范围内广泛养殖。大白猪的形象在现实生活中深入人心，无数画作和电影中的猪都是以大白猪为原型的——小猪迪克、佩吉小姐、小猪贝贝等，以及德沃伊"艺术农场"中的文身猪。如果让孩子们绘制一幅猪的图画，大部分情况下出现的都是以大白猪作为原型的"模型猪"。1831年，第一头大白猪在温莎皇家展览上展出，1884年正式建立血统登记，被品种选育记录在册。大白猪原本适合自由放养，而如今却在声名狼藉的养猪场中更容易发现它们的身影，除非它们早已被其他新的杂交品种所取代。强壮的大白猪头部较长，耳大竖立，背腰平直易弯曲，尾部高高竖立。大白猪的皮毛呈淡玫瑰色，很容易使人联想到人类的皮肤，肢蹄健壮，相距甚远。

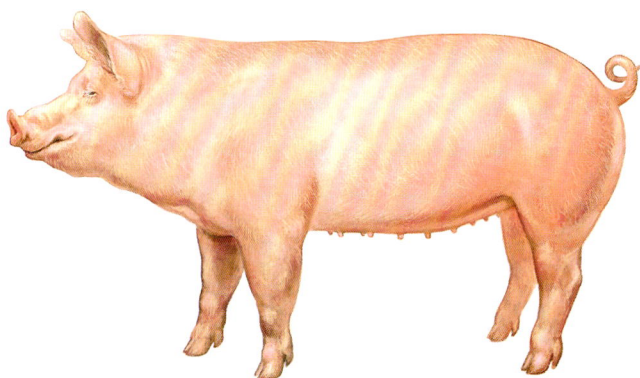

曼加利察猪

家猪

学　名：*Sus scrofa domestica*
德文名：Mangalitza-Wollschwein
英文名：Woolly pig（Mangalitza pig）
法文名：Porc laineux

　　曼加利察猪原产于匈牙利，被认为是塞尔维亚、罗马尼亚和保加利亚猪种的杂交品种，正式作为固定猪种的时间始于 19 世纪上半叶。曼加利察猪包括三种颜色：金色、红色和腹部的白色。曼加利察猪的典型特征是全身厚厚的卷毛，因此它也被称为"毛猪"，甚至"绵羊猪"。这些厚重的卷毛可以帮助曼加利察猪抵抗极端天气，因此它们能够在一整年中完全自由放养。曼加利察猪强壮坚韧的身体和温和平静的性情使它们得以在世界范围内繁衍：1890 年匈牙利共有 900 万头曼加利察猪，二战之后受到工业化养猪业的冲击，其数量逐渐缩减。20 世纪 70 年代末，曼加利察猪的数量几乎不足 200 头，成为濒危猪种。德国古老畜禽保护协会将其列入 1999 年公布的濒危畜禽品种红名单。自从德语地区的餐饮业发现曼加利察猪具有特别美味的吸引力之后，曼加利察猪的境遇似乎有了一定的改善。

皮特兰猪

家猪

学　名：*Sus scrofa domestica*
德文名：Piétrain
英文名：Piétrain
法文名：Piétrain

　　这种黑白花色相间的猪原产于比利时小镇皮特兰（Piétrain），因此得名皮特兰猪，是由法国贝叶杂交猪（Bayeux-schwein）和英国大白猪杂交而来的。1958 年首次确定品种。皮特兰猪体形中等、敦实，双耳略微向前弯曲，四肢短而有力，肩部肌肉丰满，身体呈圆柱形，体长可达 1.6 米，高 80 厘米。成熟公猪的体重在 250 千克至 290 千克之间，母猪最重可达 260 千克。皮特兰猪以非常突出的高瘦肉率闻名于世，在当今健康趋势的影响下受到极大的市场关注。由于它良好的身体性能，皮特兰猪在养猪业中常用作杂交的父本。皮特兰猪主要出口法国，自 1960 年起也出口德国，养殖地区主要位于石勒苏益格－荷尔斯泰因州、北莱茵－威斯特法伦州和巴登-符腾堡州。然而，皮特兰猪也不是绝对的强大：工业饲养常见的压力会非常轻易地杀死它们。出于这样的原因，英国几乎没有人饲养皮特兰猪，取而代之的是大量的大白猪。

施豪猪

家猪

学　名：*Sus scrofa domestica*

德文名：Schwäbisch-Hällisches Landschwein

英文名：Swabian-Hall swine

为了促进农业发展，符腾堡国王威廉一世（König Wilhelm Ⅰ.，1781—1864）于 1820 年左右引进了中国的"大花脸猪"梅山猪，与符腾堡当地猪种杂交，施豪猪由此诞生。它们头部细长，四肢长而粗，耳朵竖立前倾。最具有特点的是皮毛颜色：头部、颈部和身体后部呈黑色，黑色的尾巴带着白色尖端，身体中间为白色。日常用语中也常将施豪猪称为"Mohrenköpfle"。施豪猪极为多产，体重较重，成年公猪体重约为 350 千克，母猪约为 275 千克。与许多其他的猪种的遭遇一样，在工业化养猪业的冲击下，施豪猪数量剧减，在 20 世纪 80 年代被列为濒危物种。1984 年德国境内仅存 1 头公猪和 7 头母猪，一些农民开始在巴登-符腾堡州的施瓦本哈尔（Schwäbisch Hall）展开新的施豪猪养殖。1987 年，德国古老畜禽保护协会将其列入濒危畜禽品种红名单。此后，巴登-符腾堡州的许多育种协会开始引领施豪猪的复兴热潮，为其育种制定了严格规定，也包括持续喂养非转基因饲料。

越南大肚猪

家猪

学　名：*Sus scrofa domestica*
德文名：Vietnamesisches
　　　　Hängebauchschwein
英文名：Vietnamese Potbelly
法文名：Cochon du Vietnam

　　大肚猪原产于越南。尽管它的样子看起来很特别，它却与本书肖像画中的其他大部分猪一样，拥有共同的欧亚野猪祖先。另一种尚存争议的看法是，大肚猪的祖先是来自中国的东南亚野猪（Sus scrofa vittatus）。越南大肚猪的皮毛颜色多样，除了常见的黑色以外，还包括白色或黑灰色。这种猪体形较小，最多不超过 40 厘米。头部有皱褶，鼻子短小，背部凹陷，四肢短小粗壮，腹部突出，几乎贴近地面。公猪最重为 60 千克，母猪 50 千克。越南大肚猪开始只出口到斯堪的纳维亚或加拿大地区的动物园，随后作为奇特的迷你宠物受到人们欢迎。著名的大肚猪明星是好莱坞演员乔治·克鲁尼（George Clooney，1961—　）的宠物猪马克思（Max），它生活在好莱坞，有时甚至会与主人分享同一张床。马克思在 2006 年离世，它已经达到了大肚猪的最长寿命极限：18 岁。克鲁尼开玩笑地说，与马克思相处是他一生中保持最长的一段关系。他与当时的女友凯莉·普雷斯顿（Kelly Preston，1962—　）共同"抚养"这头越南大肚猪，分手之后克鲁尼得到了马克思的"监护权"。

野猪

野猪属

学　名：*Sus scrofa*
德文名：Wildschwein
英文名：Wild boar
法文名：Sanglier

　　野猪是我们在之前肖像画中所介绍的所有猪种的共同祖先。野猪可能原产于东南亚地区，之后逐渐进入欧洲。现在，野猪广泛栖息于南北美大陆地区、澳大利亚以及大量的岛屿上。野猪最为突出的特征是大而呈圆锥体突出的头部、拱鼻、小而直立的耳朵，以及长而硬的背脊鬃毛。公猪的体形比母猪大很多。野猪强壮的肩部披有坚固厚重的软骨盾牌。野猪的长尾巴非常引人注目，尾部的起落也可以表明它们的情绪变化。成年母猪的体重最大为150千克，成年公猪大约200千克。在过去的几年中，野猪快速繁衍，不断收复它们曾经被驱逐出的失地：俄罗斯、斯堪的纳维亚地区，以及意大利托斯卡纳或整个欧洲西部。20世纪60年代，德国境内每年死亡的野猪少于3万头，而20世纪末期这一死亡数字攀升至每年50万头。从柏林到哈瓦那，在这样一些大城市中野猪被成功地除掉了。

参考文献

Aristotle:

Tierkunde（《动物志》）, in: ders. :
Die Lehrschriften, Band 8, 1.
Paderborn 1957.

Arme Schweine:

Eine Kulturgeschichte（《一段文化史》）,
Herausgegeben von Thomas Macho,
Berlin 2006.

Norbert Benecke:

*Der Mensch und seine Haustiere. Die
Geschichte einer jahrtausendealten
Beziehung*
（《人类与他的家畜 : 一段千年关
系史》）, Stuttgart 1994.

Alfred Edmund Brehm, Wilhelm
Haake, Eduard Pechuel-Loesche:

*Brehms Tierleben. Allgemeine Kunde
des Tierreichs. Die Säugetiere.*
（《布雷姆的动物生活 : 动物王国的
知识》）, Dritter Band. Leipzig / Wien
1900.

Andy Case:

*Schöne Schweine. Porträts ausgezei-
chneter Rassen*
（《美丽的猪 : 优秀物种的肖像画》）,
Münster-Hiltrup 2010.

Lucius Iunius Moderatus Columella:

Zwölf Bücher über Landwirtschaft,
Band Ⅱ
（《论农业》, 第 2 卷 ）, München /
Zürich 1982.

Carleton Stevens Coon:

*Caravan. The Story of The Middle
East*（《车轮上的家 : 中东的故事 》）,
New York 1951.

Hans-Dieter Dannenberg:

*Schwein haben. Historisches und
Histörchen vom Schwein*
（《拥有幸福 : 猪的历史与轶事》）,
Jena 1990.

Nigel Davies:

*Opfertod und Menschenopfer. Glaube,
Liebe und Verzweiflung in der
Geschichte der Menschheit*
（《祭品与人牲 : 人类历史中的信仰 、
爱和绝望》）, Düsseldorf / Wien
1981.

*Fleischatlas 2014. Daten und Fakten
über Tiere als Nahrungsmittel*
（《肉类地图 2014 年 : 动物作为食
品的数据和事实》）,
Herausgegeben von der Heinrich-

Böll-Stiftung u.a., Berlin 2014.

Conrad Gesner:
Thierbuch. Nachdruck der Ausgabe von 1669
(《动物史》，1669 年重印版），
Hannover 1980.

Marion Giebel:
Tiere in der Antike. Von Fabelwesen, Opfertieren und treuen Begleitern
(《古代的动物：神话主题、祭祀牺牲及忠诚的同伴》），Darmstadt 2003.

Karl August Groskreutz:
Die Sau des Salomo. Fährten des weißzahnichten Schweins in der Weltliteratur
(《所罗门的母猪：世界文学中的白齿猪》），Reinbek 1989.

Marvin Harris:
Wohlgeschmack und Widerwillen. Die Rätsel der Nahrungstabus
(《美味与厌恶：食物禁忌之谜》），
Stuttgart 1990.

Thomas Macho:
Der Aufstand der Haustiere (《家畜的起义》），in:*Herausforderung Tier. Von Beuys bis Kabakov, herausgegeben von Regina Haslinger, München / London* / New York 2000, S. 76-99.

Christien Meindertsma:
Pig 05049 1:1. (《猪 05049 1:1.》），
Rotterdam 2007.

Helmut Meyer, Peter Robert Franke，
Johann Schäfer:
Hausschweine in der griechischrömischen Antike. Eine morphologische und kulturhistorische Studie
(《古希腊罗马时代的猪：一个形态和文化历史的研究》），Oldenburg 2004.

Brett Mizelle:
Pig（《猪》），London 2011.

Marilyn Nissenson und Susan Jonas:
Das allgegenwärtige Schwein
(《无所不在的猪》），Köln 1997.

Oskar Panizza:
Das Schwein in poetischer, mitologischer und sittengeschichtlicher Beziehung

（《诗歌、本体论及道德史中的猪》），
München 1994.

Pigs and Humans. 10000 Years of Interaction
（《猪与人类：一万年的互动》），
Herausgegeben von Umberto Albarella, Keith Dobney, Anton Ervynck, Peter Rowley-Conwy, Oxford / New York 2007.

R. Johanna Regnath:
Das Schwein im Wald. Vormoderne Schweinehaltung zwischen Herrschaftsstrukturen, ständischer Ordnung und Subsistenzökonomie
（《森林中的猪：权利结构、等级秩序及自然经济下的前现代养猪业》），Ostfildern 2008.

Rocco und Antonia:
Schweine mit Flügeln. Sex+Politik: Ein Tagebuch（《长翅膀的猪——性＋政治：一本日记》），Reinbek 1977.

Wilfried Schouwink:
Der wilde Eber in Gottes Weinberg. Zur Darstellung des Schweins in Literatur und Kunst des Mittelalters
（《葡萄园里的野猪：中世纪文学艺术中的猪》），Sigmaringen 1985.

Lyall Watson:
The Whole Hog. Exploring the Extraordinary Potential of Pigs
（《滚滚猪公：猪头猪脑的世界》），
London 2004.

Franz M. Wuketits:
Schwein und Mensch. Die Geschichte einer Beziehung（《猪与人类：一段关系史》），Hohenwarsleben 2011.

Toshiteru Yamaji:
Pigs and Papa（《猪们和爸爸》），
Tokio 2010.

Frederick E. Zeuner:
Geschichte der Haustiere（《家畜史》），
München / Basel / Wien 1967.

图片索引

第 41 页
Süditalienische Votivfigur der Baubo
（意大利南部的包玻像）.

第 44、45 页
Les sangliers（《野猪》）. Une
panique, d'après un tableau de
Gridel et un dessin de Jules Laurens.
Buffon: Histoire naturelle des
animaux, Paris 1888.

第 50 页
Die Versuchung des heiligen Antonius
（《圣安东尼的诱惑》）. Hieronymus
Bosch, nach 1500.

第 57 页
Sus scrofa moupinensis（《山地猪》）.
Recherches pour servir à l'histoire
naturelle des mammifères, Paris
1868–1874.

第 64、65 页
Circe and her swine（《基尔克和她
的猪》）. Briton Rivière, 1871.

第 72 页
A Sow and her Litter（《母猪和它的
小猪》）. David Teniers der Jüngere,
vor 1690.

第 80 页
Werbeplakat für Toby the Sapient Pig
（《托比聪明猪》海报）.

第 83 页
Der Schweinehirte（《牧羊人》）.
Charles-Émile Jacque, 1890.

第 90 页
Glückliches Neujahr（《新年快乐》）.
Bildpostkarte, um 1900.

第 94 页
Sus Scrofa fasciatus（《野猪》）. Die
Säugthiere in Abbildungen nach der
Natur, Erlangen 1846.

第 98 页
*Ausschnitt aus dem Titelkupfer zu
Galens Operum Fragmenta*（摘自盖
伦《论解剖操作》）, Venedig 1547.

第 100 页
Sus facie humana cum crista（《长有
冠子的人脸》）. Ulisse Aldrovandi:
Monstrorum Historia, 1642.

第 103 页
Indian Wild Boar by Winifred Austen
（《威妮弗雷德·奥斯汀的印度野

猪》）. The wild beasts of the world,
London 1909.

第 109 页

Schweine（《猪》）. Conrad Gesner:
Thierbuch, Zürich 1563.

第 112、113 页

The Calydonian Boar Hunt（《猎捕
卡吕冬野猪》）. Peter Paul Rubens,
ca. 1611–1612.

第 116 页

Das gespaltene Schwein（《剖开的
猪》）. Isaac van Ostade, 1640–1645.

第 122 页

Geschlachtetes Schwein（《被屠宰的
猪》）. Lovis Corinth, 1906.

第 129—151 页

Illustrationen（插图）von Falk
Nordmann, Berlin 2015.

作者简介：

托马斯·马可（Thomas Macho）1952 年
出生于奥地利维也纳，柏林洪堡大学文化史
教授，著有《死亡隐喻：边界经验的逻辑》
（*Todesmetaphern: Zur Logik Der Grenzerfahrung*，
1987）、《仪式动物：礼仪、节日、时间之间
的时间》（*Das Zeremonielle Tier: Rituale-Feste-
Zeiten zwischen den Zeiten*，2004）、《榜样》
（*Vorbilder*，2011）等。

译者简介：

温馨，西安外国语大学欧洲学院副教授、
翻译与跨文化研究院研究员，北京外国语大
学文学博士，德国波恩大学汉学系访问学者。

图书在版编目（CIP）数据

猪 /（德）托马斯·马可著；温馨译 .—北京：
北京出版社，2025.5

ISBN 978-7-200-13613-5

Ⅰ . ①猪… Ⅱ . ①托… ②温… Ⅲ . ①猪—普及读物
Ⅳ . ① Q959.842-49

中国版本图书馆 CIP 数据核字（2017）第 310937 号

策 划 人：王忠波　　　　　学术审读：刘　阳
责任编辑：王忠波　刘　瑶　　责任营销：猫　娘
责任印制：燕雨萌　　　　　　装帧设计：吉　辰

猪
ZHU

［德］托马斯·马可　著　温馨　译

出　　版：北京出版集团
　　　　　北 京 出 版 社
地　　址：北京北三环中路 6 号（邮编：100120）
总 发 行：北京出版集团
印　　刷：北京华联印刷有限公司
经　　销：新华书店
开　　本：880 毫米 ×1230 毫米　1/32
印　　张：5.875
字　　数：100 千字
版　　次：2025 年 5 月第 1 版
印　　次：2025 年 5 月第 1 次印刷
书　　号：ISBN 978-7-200-13613-5
定　　价：68.00 元

如有印装质量问题，由本社负责调换　质量监督电话：010-58572393

著作权合同登记号：图字 01-2017-7313